Methodik zur entwicklungsbegleitenden NVH Analyse eines Traktors mit hydrostatisch-mechanischem Leistungsverzweigungsgetriebe

-

Methodology for Analyzing the NVH Behavior of a Tractor with Hydrostatic-Mechanical Power-Split Transmission during Development

Von der Fakultät für Maschinenwesen der Rheinisch-Westfälischen Technischen Hochschule Aachen zur Erlangung des akademischen Grades eines Doktors der Ingenieurwissenschaften genehmigte Dissertation

vorgelegt von

Gerwin Pasch

Berichter:	Univ.-Prof. Dr.-Ing. Georg Jacobs
	Univ.-Prof. Dr.-Ing. Dr. h. c. Burkhard Corves
Tag der mündlichen Prüfung:	04.10.2022

Gerwin Pasch
Methodik zur Entwicklungsbegleitenden NVH Analyse eines Traktors mit hydrostatisch-mechanischem Leistungsverzweigungsgetriebe

Methodology for Analyzing the NVH behavior of a Tractor with Hydrostatic- Mechanical Power-Split Transmission during Development

ISBN: 978-3-95886-466-5
1. Auflage 2022

Bibliografische Information der Deutschen Bibliothek
Die Deutsche Bibliothek verzeichnet diese Publikation in der Deutschen Nationalbibliografie; detaillierte bibliografische Daten sind im Internet über www.dnb.ddb.de abrufbar.

Vertrieb:

© Verlagshaus Mainz GmbH Aachen
Süsterfeldstr. 83, 52072 Aachen
Tel. 0241 / 87 34 34 00
www.Verlag-Mainz.de

Herstellung:

Druckerei Mainz GmbH Aachen
Süsterfeldstraße 83
52072 Aachen
www.DruckereiMainz.de

Satz: nach Druckvorlage des Autors
Umschlaggestaltung: Druckerei Mainz

printed in Germany

D82 (Diss. RWTH Aachen University, 2022)

Vorwort

Die vorliegende Arbeit entstand während meiner Tätigkeit als wissenschaftlicher Mitarbeiter am Institut für Maschinenelemente und Systementwicklung der Rheinisch-Westfälischen Technischen Hochschule (RWTH) Aachen.

Mein besonderer Dank gilt Herrn Univ.-Prof. Dr.-Ing. Georg Jacobs, dem Leiter des Instituts, für die begleitende Betreuung meiner Arbeit, kritische Durchsicht, sowie die Übernahme des Referates. Herrn Univ.-Prof. Dr.-Ing. Dr. h. c. Burkhard Corves danke ich für die Übernahme des Koreferates und Herrn Univ.-Prof. Dr.-Ing. Kai-Uwe Schröder für die Übernahme des Prüfungsvorsitzes.

Ich bedanke mich bei allen Kolleginnen und Kollegen des Instituts, insbesondere des Bereichs „Systems Engineering – Modelling and Simulation“, vormals „Antriebstechnik“, für die kollegiale und hilfsbereite Zusammenarbeit während der gemeinsamen Zeit – besonders meinen Bereichs- und Gruppenleitern Dr.-Ing. Joerg Berroth, Dr.-Ing. Matthias Wegerhoff und Pascal Drichel sowie meinen Bürokollegen Gregor Höpfner, Stefan Wischmann und Vadim Kirsch für die konstruktiven Diskussionen, die gegenseitige Unterstützung und das sehr angenehme Arbeitsklima. Ebenso danke ich meinen studentischen Abschlussarbeitern und Hilfskräften, die mit wertvollen Beiträgen zum Gelingen dieser Arbeit mitwirkten.

Besonderer Dank gilt der Firma CLAAS und den Kollegen des Bereichs „F&E Traktor Antriebsstrang“, die mir das Vertrauen geschenkt haben, ein derart praxisrelevantes Thema bearbeiten zu dürfen und insbesondere Dr.-Ing. Marco Ramm für die industrieseitige Unterstützung, den intensiven Austausch und die hervorragende Zusammenarbeit.

Nicht zuletzt möchte ich herzlichst meinen Freunden und meiner Familie danken, besonders meinen Eltern, die mich während all meiner Lebensstationen stets liebevoll unterstützt und meinen beruflichen Werdegang überhaupt erst ermöglicht haben, sowie meiner Frau Eileen Pasch, die mich auf diesem Weg stets motiviert, umsorgt und für die notwendige Ablenkung und Ausgleich gesorgt hat.

Korschenbroich, im Oktober 2022 Gerwin Pasch

Kurzfassung

Steigende Komfortansprüche von Kunden führen bei der Entwicklung von Nutzfahrzeugen zu verschärften Anforderungen an das Noise Vibration Harshness (NVH) Verhalten. Besonders auffällig und störend für den Nutzer sind tonale Geräusche, die in modernen leistungsverzweigten Antriebsystemen durch hydrostatische Getriebeanregungen verursacht werden.

Zur Begegnung steigender Kundenanforderungen bei gleichzeitiger Reduktion von Entwicklungszeit und -kosten bedarf es Entwicklungswerkzeuge, die bereits vor der Prototypenphase eine gesicherte Analyse, Schwachstellenidentifikation und Optimierung des NVH-Verhaltens entlang der gesamten Schallentstehungskette von den Getriebeanregungen über den Körperschall bis zum Luftschall erlauben.

Dieser Beitrag stellt eine Methodik zur Simulation des durch hydrostatische Getriebeanregungen verursachten Körper- und Luftschalls über einen weiten Betriebs- und Frequenzbereich auf Systemebene vor. Hierzu wurden bekannte Modellierungsmethoden aus dem PKW-Bereich erweitert, insbesondere um eine Methode zur Berücksichtigung hydrostatischer Anregungen in einem Gesamtsystemmodellansatz. Weiterhin wurden entwicklungsbegleitende Methoden zur zielgerichteten Identifikation akustischer Auffälligkeiten und zur Ableitung von Optimierungsmaßnahmen für NVH-Systemmodelle weiterentwickelt.

Die vorgestellten Methoden wurden anhand eines Referenztraktors mit hydrostatisch-mechanischem Leistungsverzweigungsgetriebe entwickelt und mittels Prüfstandsversuchen auf Komponenten- und Systemebene validiert.

Abstract

Increasing customer demands for comfort issues in commercial vehicles are leading to more stringent requirements for Noise Vibration Harshness (NVH) behavior in the product development process (PDP). Especially tonal noises are annoying for the user, such as those caused by hydrostatic excitations in modern power-split transmission systems.

To meet increasing customer requirements while simultaneously reducing development time and costs, methods are needed that allow for reliable analysis, identification of weak spots and optimization of the NVH behavior even before prototype stage. In this context, the entire noise transmission chain needs to be considered, covering the range from excitations of the drivetrain to structure-borne and airborne noise.

The objective of the present work was to develop a methodology for the simulation of structure-borne and airborne noise caused by hydrostatic excitations in the drivetrain over a wide operating and frequency range at system level. For this purpose, existing modeling methods from the automotive sector were extended, especially with regard to the consideration of hydrostatic excitations in an overall system model approach. Furthermore, methods for the target-oriented identification of acoustic anomalies and for the derivation of optimization measures for NVH system models were developed for application within the PDP.

The methods presented in this work were developed on the basis of a reference tractor with hydrostatic-mechanical power-split transmission and validated by means of test bench measurements on component and system levels.

Inhaltsverzeichnis

Nomenklatur

Zeichen	Einheit	Beschreibung
a	m	Abstand
A_K	m²	Kolbenfläche
b	m	projizierte Kolbenlänge
Δb	m	Abweichung der projizierten Kolbenlänge
$c_{Öl}$	m/s	Schallgeschwindigkeit von Öl
$c_{Ölfeder}$	N/m	Federsteifigkeit einer Ölsäule
d	m	Innendurchmesser
d_a	m	Außendurchmesser
d_K	m	Kolbendurchmesser
$E_{Öl}$	bar	Kompressionsmodul von Öl
$E'_{Öl}$	bar	Ersatzkompressionsmodul von Öl
E_W	N/m²	Wandungselastizität
F	N	Kraft
F_{axial}	N	Axialkraft
F_K	N	Kolbenkraft
F_{radial}	N	Radialkraft
F_{res}	N	Resultierende Kraft
f	Hz	Frequenz
f_1	N	Anregungskraft der Anregungsquelle
f_{eq}	N	äquivalente Kraft im Interface
f_{Grenz}	Hz	Grenzfrequenz
f_K	Hz	Kolbenfrequenz
f_R	Hz	Resonanzfrequenzen der Ölsäule
g_2	N	Schnittkraft im Interface
h	m	Hub
H_K	m	Gesamthub
i	-	Pfadnummer, Kolbennummer
i_{ges}	-	Getriebeübersetzung

Zeichen	Einheit	Beschreibung
k	m	Wanderhebungen
l_K	m	Kolbenlänge
M	Nm	Drehmoment
n	1/min	Drehzahl
n_{ab}	1/min	Abtriebsdrehzahl
n_{an}	1/min	Antriebsdrehzahl
p	bar	Druck
p_0	bar	Bezugsdruck
p_Z	bar	Zylinderdruck
Δp	bar	Druckdifferenz
Q_{max}	m^3/s	maximaler Volumenstrom
Q_{min}	m^3/s	minimaler Volumenstrom
Q_{mittel}	m^3/s	mittlerer Volumenstrom
R	-	Ratio
R_1	m	Teilkreisradius der Kolbenbohrungen
R_2	m	Teilkreisradius der Lagermittelpunkte
R_a	µm	mittlere Rauheit
R_α	-	Drehmatrix
R_φ	-	Drehmatrix
r_{Zyl}	m	Zylinderradius
s_K	m	Kolbenweg
T	°C	Temperatur
t	s	Zeit
u	m/s^2	Schallgröße (i.d.R. Beschleunigung)
V	m^3	(Schluck-)Volumen
v	m/s	(Schwing-) Geschwindigkeit
V_0	m^3	Anfangsvolumen
V_{Fl}	m^3	Flüssigkeitsvolumen
V_G	m^3	Gasvolumen
V_{Komp}	m^3	(De-/) Kompressionsvolumen
V_M	m^3	Zylinderraumvolumen in Mittelstellung
V_{max}	m^3	Maximales Schluckvolumen
V_Z	m^3	Zylinderraumvolumen
Y	$m/s^2/N$	Übertragungsfrequenzgang

Zeichen	Einheit	Beschreibung
z	-	Kolbenzahl

Griechische Buchstaben

α	°	Schwenkwinkel
α_{max}	°	maximaler Schwenkwinkel
α_V	-	Bunsenkoeffizient
δ	%	Ungleichförmigkeitsgrad
ε	°	Kippwinkel
λ	m	Wellenlänge
ξ	°	Kippwinkel
$\rho_{Öl}$	kg/m^3	Dichte von Öl
υ	-	Poissonzahl
φ	°	Drehwinkel
ψ_r	-	Modenform r
ψ_s	-	Modenform s
ω	rad/s	Kreisfrequenz

Abkürzungsverzeichnis

Abkürzung	Beschreibung
ATV	Acoustic Tranferpath Vector
BEM	Boundary Element Method
CAD	Computer-Aided Design
DOF	Freiheitsgrad (Degree of Freedom)
DPC	Driving Point Criterion
EMA	Experimentelle Modalanalyse
EMKS	Elastische Mehrkörpersimulation
EODP	Enhanced Optimum Driving Point
FB1/2	Fahrbereich 1 bzw. 2
FEM	Finite Elemente Methode
FFT	Schnelle Fourier Transformation (Fast Fourier Transform)
FRF	Übertragungsfrequenzgang (Frequency Response Function)
H1/2	Hydrostatische Einheit 1 bzw. 2
K1/2	Kupplung 1 bzw. 2
IE	Infinite Elemente
KOS	Koordinatensystem
LSA	Lineare Systemanalyse
LVG	Leistungsverzweigungsgetriebe
MAC	Modal Assurance Criterion
MKS	Mehrkörpersimulation
NMA	Numerische Modalanalyse
NTPA	Numerische Transferpfadanalyse
NVH	Noise Vibration Harshness
ODP	Optimum Driving Point
OTPA	Operationelle Transferpfadanalyse
PEP	Produktentstehungsprozess
PTO	Zapfwelle (Power Take-Off)
TPA	Transferpfadanalyse
VKM	Verbrennungskraftmaschine

1 Einleitung

Traktoren nehmen als universelle Arbeitsmaschinen eine Schlüsselrolle in der Mechanisierung der Landwirtschaft ein und stellen das mit Abstand größte Segment der Landmaschinenindustrie dar [REN19]. Für das Getriebe als zentrales Element im Fahrantrieb von Traktoren haben sich hydrostatisch-mechanische Leistungsverzweigungsgetriebe (LVG) etabliert [REN03]. Durch die Leistungsverzweigung in einen mechanischen und einen hydrostatischen Getriebezweig erfüllen sie die Anforderungen einer hohen Effizienz sowie einer stufenlosen Variation der Fahrzeuggeschwindigkeit ohne Unterbrechung der Zugkraft. Die Stufenlosigkeit gewährleistet zudem eine Trennung der Fahrzeuggeschwindigkeit von der Drehzahl der Verbrennungskraftmaschine (VKM) bzw. der Zapfwelle. Dadurch kann die VKM in Bereichen bester Wirkungsgrade bzw. das Anbaugerät bei Drehzahlen zur optimalen Erfüllung des Arbeitsprozesses unabhängig von der Fahrzeuggeschwindigkeit betrieben werden. LVG ermöglichen somit eine Steigerung der Gesamteffizienz sowie der Produktivität.

1.1 Motivation

Neben funktionalen Anforderungen rücken bei der Entwicklung von Traktoren vermehrt Anforderungen an einen hohen Fahrkomfort sowie einer geringen akustischen Belastung des Fahrers in den Vordergrund, vgl. [FUC22, CZM+20, BPJ+16, CFC15, KM15, FC13]. Im Bereich der Fahrzeugentwicklung wird der Begriff Noise Vibration Harshness (NVH) zur Beschreibung sämtlicher hörbarer und spürbarer Schwingungen genutzt. Die Anforderungen der Kunden an das Komfort- und NVH-Verhalten sind in den vergangenen Jahren permanent gestiegen und werden auch in Zukunft noch deutlich weiter steigen [PLE10]. Die Erfüllung steigender Anforderungen an das NVH-Verhalten stellt bei der Entwicklung von Traktoren mit hydrostatisch-mechanischen LVG eine Herausforderung dar, was vor allem in den von den hydrostatischen Einheiten des Fahrantriebs verursachten Geräuschen begründet ist, vgl. [JLW13, ESS95]. Diese in der Fahrzeugentwicklung auch als „Heulen“ bezeichneten Geräusche der hydrostatischen Einheiten, vgl. [PLE10], werden aufgrund ihrer Stärke, Tonalität, Frequenz sowie des Frequenzverlaufs als besonders auffällig und unangenehm empfunden. Die Geräuschcharakteristik ist zum einen in der Arbeitsweise der hydrostatischen Einheiten und zum anderen in ihrer besonderen Verschaltung und Drehzahlcharakteristik innerhalb der LVG-Struktur begründet.

Der hydrostatische Getriebezweig in LVG ist als geschlossenes hydrostatisches Getriebe bestehend aus Pumpe und Motor aufgebaut, wobei für Pumpe und Motor typischerweise hydrostatische Kolbeneinheiten (Hydrostaten) zum Einsatz kommen. Die Hydrostaten weisen aufgrund begrenzter Kolbenzahlen eine diskontinuierliche Arbeitsweise auf. Die dadurch erzeugten Flüssigkeitspulsationen resultieren in Wechselkräften, die in die Struktur eingetragen werden und diese dynamisch anregen. Infolge hoher Drehzahlen und hoher Druckunterschiede, bei denen die Hydrostaten in LVG typischerweise betrieben werden, werden dabei besonders hohe Wechsel- bzw. Anregungskräfte induziert. Entsprechend der maschinenakustischen Schallentstehungskette wirkt sich die Höhe der Anregungskräfte, neben dem Schallübertragungs- und Abstrahlverhalten der Struktur, direkt auf den vom Menschen wahrnehmbaren Luftschalldruck bzw. Schalldruckpegel aus [KAS06].

Neben dem absoluten Schalldruckpegel hängt die subjektive Wahrnehmung von Geräuschen maßgeblich von der spektralen Zusammensetzung ab. Im Gegensatz zu breitbandigen Geräuschen, wie sie beispielweise durch VKM entstehen, sind die Anregungsfrequenzen hydrostatischer Kolbeneinheiten schmalbandig und weisen einen stark tonalen Charakter auf [KAU84]. Durch die hohe Anregungsintensität und Schmalbandigkeit können die durch Hydrostaten verursachten Geräusche die der VKM deutlich übersteigen [JLW13]. Gleichzeitig treten die hydrostatischen Anregungsordnungen und deren Harmonische meist bei Frequenzen auf, die im empfindlichen Hörbereich des Menschen liegen. Auch der Verlauf des Geräuschs in Abhängigkeit des Fahrzustands ist bei LVG speziell und untypisch für die meisten Antriebssysteme. Bedingt durch die besondere Art der Verschaltung der Hydrostaten innerhalb von LVG-Strukturen erfolgt bei Zunahme der Fahrgeschwindigkeit eine Abnahme der Drehzahl einer der Hydrostaten, was mit einer Abnahme der Anregungsfrequenzen einhergeht. Treten die von diesem Hydrostaten verursachten Geräusche dominant hervor, entspricht dies nicht einer typischen akustischen Rückmeldung des Antriebsstrangs, was die subjektive Wahrnehmung des Geräusches zusätzlich verstärken und auf den Fahrer irritierend wirken kann.

Insgesamt können die von den Hydrostaten des LVG verursachten Geräusche wegen der hohen Intensität der Anregung sowie deren spektraler Zusammensetzung zu einer deutlichen Reduktion des Fahrkomforts führen. Zusätzlich können die Anregungen zusammen mit Schwächen im Übertragungsverhalten zwischen Hydrostat und Empfänger signifikante, betriebspunktabhängige Überhöhungen von Körper- und Luftschall verursachen. Ursachen für Schwachstellen im Übertragungsverhalten von der Anregungsquelle bis zum Fahrerohr können resonantes Systemverhalten, Schwächen im Abstrahlungsverhalten oder Undichtigkeiten sein. Für die Entwicklung gilt es daher, neben der Reduktion der Anregungskräfte insbesondere resonantes Systemverhalten zu vermeiden und die vibroakustischen Fahrzeugeigenschaften im Systemkontext auf das Anregungsverhalten der Hydrostaten abzustimmen.

Neben der Berücksichtigung wachsender Kundenanforderungen sind Hersteller zur Wahrung der Wettbewerbsfähigkeit zunehmend bestrebt, Entwicklungszeiten und -kosten zu senken. Zur Begegnung steigender Anforderungen bei gleichzeitiger Reduktion der Entwicklungszeit und -kosten können die Methoden der virtuellen Produktenwicklung dienen [VWZ+18]. Zu den virtuellen Methoden zählen physikalische Verhaltensmodelle, die die Analyse und Optimierung des physikalischen Systemverhaltens prädiktiv bereits vor der Prototypenphase im Produktentstehungsprozess (PEP) ermöglichen [PBB+10]. Darüber hinaus bieten Simulationsmodelle tiefere Einblicke in das Systemverhalten als rein messtechnische Untersuchungen. Dadurch können mit ausgereifteren Konzepten sowie größerem Systemverständnis die Anzahl der Prototypen und Messungen sowie Änderungen in der Prototypenphase auf ein Minimum reduzieren werden. Stetig wachsende Leistungsfähigkeiten von Hardware- und Softwaretechnologien eröffnen immer mehr die Möglichkeiten, hochkomplexes Systemverhalten mithilfe numerischer Simulationsmodelle vorherzusagen, zu analysieren und zu optimieren [ZEL09]. Die Analyse des NVH-Verhaltens erfordert entsprechend der maschinenakustischen Schallentstehungskette die kombinierte Betrachtung von Anregung, Weiterleitung und Abstrahlung. Somit ist zur frühzeitigen Ermittlung effektiver und wirtschaftlicher Maßnahmen hinsichtlich des NVH-Verhaltens eine ganzheitliche Systembetrachtung notwendig. Voraussetzung zur entwicklungsbegleitenden NVH-Analyse sind validierte Modellierungsmethodiken, die basierend auf den im Entwicklungsprozess zur Verfügung stehenden Parametern gesicherte Analysen erlauben.

1.2 Problemstellung

Die Analyse und Umsetzung akustischer Anforderungen werden heute im Bereich der Traktorentwicklung hauptsächlich messtechnisch realisiert. Die Erkennung von akustischen Auffälligkeiten im Gesamtsystemkontext kann typischerweise erst durch Prototypen erfolgen. Messtechnische Ursachenfindung sowie Optimierungen sind dadurch meist mit hohem Aufwand und aufgrund eines hohen Bedarfs an Messungen zu einer späten Phase der Entwicklung mit hohen Kosten und Zeitaufwand verbunden [VWZ+18]. Die steigendenden Anforderungen an das NVH-Verhalten erfordern darüber hinaus umfassendes Systemverständnis, welches rein experimentell auch aufgrund messtechnischer Grenzen nur unter enormen Aufwand erlangt werden kann. Gerade bei steigender Variantenvielfalt ist ein rein messtechnisches Vorgehen daher nicht nur unwirtschaftlich, sondern birgt auch die Gefahr, wachsendem Wettbewerbsdruck nicht standhalten zu können.

Dem rein messtechnischen Vorgehen stehen die Methoden der virtuellen Produktentwicklung gegenüber. Jedoch fehlen im Anwendungsfeld leistungsverzweigter Traktoren mit dominanten hydrostatischen Anregungen dem Entwicklungsingenieur heute Methoden, die in frühen Phasen des PEP eine vorwärtsgerichtete Analyse und Optimierung des NVH-Verhaltens von LVG auf Systemebene zielgerichtet ermöglichen.

Zum einen fehlt hierzu eine Modellierungsmethodik, die eine kombinierte Betrachtung der rückwirkungsbehafteten Hydrostatanregung, der Strukturdynamik sowie der Akustik zur Prognose des transienten Körper- und Luftschallverhaltens über einen weiten Betriebs- und Frequenzbereich im Systemkontext ermöglicht. Etablierte Verfahren aus anderen Anwendungsfeldern, wie dem PKW-Bereich, die eine ganzheitliche NVH-Analyse auf Systemebene erlauben, oder dem Bereich der Strömungssimulation hydrostatischer Systeme, lassen sich zwar zur Modellierung einzelner Teilsysteme übertragen und nutzen. Allerdings ist insbesondere ein effizienter Ansatz zur gekoppelten Betrachtung des nichtlinearen Anregungsverhaltens geschlossener hydrostatischer Getriebe im strukturdynamischen Maschinenverbund zur Prognose des transienten Körper- und Luftschallverhaltens über weite Betriebsbereiche auf Systemebene heute nicht verfügbar. Zum anderen ist eine effiziente und zielgerichtete Auswertung und Analyse von NVH-Systemmodellen vor dem Hintergrund wachsender Detailgrade und Modellgrößen aufgrund mangelnder Methoden herausfordernd. Für eine produktive Nutzung von NVH-Systemmodellen in Entwicklungsprozessen werden daher recheneffiziente Analysemethoden benötigt, die auch für hohe Systemgrößen eine zielgerichtete Identifikation von Schwachstellen und eine ganzheitliche Optimierung unter Berücksichtigung des transienten Systemverhaltens über weite Betriebsbereiche ermöglichen.

2 Stand der Forschung

2.1 Grundlagen

Das Kapitel Grundlagen gibt einen Überblick über die für diese Arbeit elementaren Zusammenhänge. Ausgehend von den Grundlagen der maschinenakustischen Schallentstehungskette mit einem besonderen Fokus auf die Entstehungs- und Ausbreitungsmechanismen von Flüssigkeitsschall (Kapitel 2.1.1), werden die Grundlagen der in dieser Arbeit genutzten Simulations- und Modellierungsmethoden (Kapitel 2.1.2) und die Methoden der Transferpfadanalyse (Kapitel 2.1.3) vorgestellt.

2.1.1 Schallentstehungskette

Unter Schall werden mechanische Schwingungen verstanden, die sich je nach Medium als Luft-, Flüssigkeits- oder Körperschall ausbreiten. Entsprechend der Schallentstehungskette, dargestellt in Abbildung 1, hängt der wahrnehmbare Luftschall von Anregung, Übertragung und Abstrahlung ab.

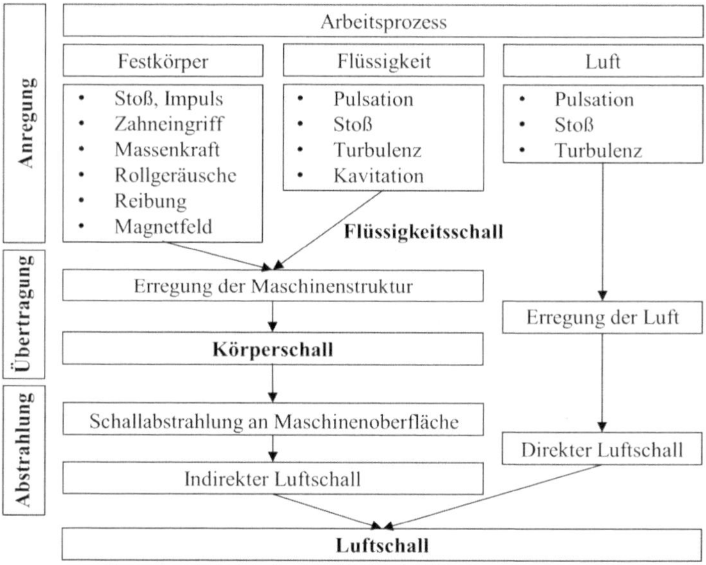

Abbildung 1: Schallentstehungskette, in Anlehnung an [KAS06]

Die Schallanregung erfolgt durch zeitlich veränderliche Energieübertragung an Maschinenelementen. Direkter Luftschall entsteht durch unmittelbare Schwingungsanregung von Luftteilchen bei Strömungsvorgängen, wie bspw. bei Ventilatoren. Körperschall entsteht durch dynamische Wechselkräfte, wie bspw. bei Zahnrädern durch den wechselnden Zahneingriff, und wird direkt in die angeschlossene Struktur eingeleitet. Flüssigkeitsschall entsteht hauptsächlich durch Druck- und Volumenstrompulsationen, die aus der diskontinuierlichen Arbeitsweise von Pumpen und Motoren resultieren. [KAS06] Der Flüssigkeitsschall wird vor allem an Diskontinuitäten wie Leitungsabschlüssen als Körperschall in die Leitungswandung eingespeist [WAC86]. Über die Struktur wird der Körperschall zur Maschinenoberfläche geleitet, die durch ihre schwingenden Flächen Luftschall an die Umgebungsluft abstrahlt. Zusammen mit dem direkt erzeugten Luftschall bildet der indirekt erzeugte Luftschall den Gesamtluftschall, der vom Menschen als Geräusch wahrgenommen werden kann. Auch der Körperschall kann vom Menschen wahrgenommen werden, falls er in direktem Kontakt zur schwingenden Struktur steht. Tiefergehendes Verständnis liefert [KAS06].

Bei mobilen Arbeitsmaschinen spielt die Berücksichtigung des Flüssigkeitsschalls bei der akustischen Analyse eine wichtige Rolle. Hier sind Geräuschprobleme oftmals durch die Flüssigkeitsschallausbreitung und deren Umwandlung in Körper- und Luftschall bedingt [FIE00]. In der Hydrostatik werden hauptsächlich nach dem Verdrängerprinzip arbeitende Pumpen und Motoren verwendet [MUR16]. Im Folgenden wird das Anregungsverhalten hydraulischer Verdrängereinheiten und die Ausbreitung von Flüssigkeitsschall näher vorgestellt.

2.1.1.1 Anregung von Flüssigkeitsschall

Der Flüssigkeitsschall kann in hydraulischen Systemen unterschiedliche Ursachen haben. In den meisten Fällen stellt der diskontinuierliche Fördervorgang hydrostatischer Verdrängereinheiten die Hauptanregungsquelle dar [MÜL02], insbesondere in mobilen Arbeitsmaschinen [ESS95]. Jeder einzelne Verdrängerraum verursacht Ungleichförmigkeiten im Volumenstrom. Die in Druckpulsationen resultierenden Volumenstrompulsationen lassen sich nach ihrem Entstehungsmechanismus in kinematische, kompressionsbedingte, kinetische und leckagebedingte Pulsation unterscheiden [GOE07].

Als kinematische Pulsation werden die Volumenstrompulsationen bezeichnet, die durch geometrische Gegebenheiten, also der zyklischen Volumenänderung der Förderkammern und der wechselnden Anbindung an die Hoch- oder Niederdruckniere, bedingt sind [MUR16]. Bei Kolbenmaschinen mit gerader Kolbenanzahl treten die

Pulsationen mit der einfachen Kolbenfrequenz auf, bei Kolbenmaschinen mit ungerader Kolbenzahl mit der doppelten Kolbenfrequenz [BER93]. Die Höhe der kinematischen Pulsation kann durch den Ungleichförmigkeitsgrad δ beschrieben werden, der die Wechselanteile Q_{max} und Q_{min} mit dem Gleichanteil des Volumenstroms Q_{mittel} ins Verhältnis setzt [MUR16].

$$\delta = \frac{Q_{max} - Q_{min}}{Q_{mittel}} \tag{1}$$

Die kinematische Pulsation nimmt mit der Drehzahl zu, ändert sich aber nicht mit dem Betriebsdruck bzw. der anliegenden Druckdifferenz [JAR97].

Kompressionsbedingte Pulsationen resultieren bei schlitzgesteuerten Verdrängereinheiten aus hochdynamischen Volumenströmen beim Druckausgleich zwischen Förderraum und Anschlussniere während des Umsteuervorgangs [GOE07]. Das zu komprimierende Ölvolumen V_{Komp} bzw. das durch Dekompression frei werdende Ölvolumen ist abhängig vom Förderraumvolumen V_0 beim Umsteuern und der anliegenden Druckdifferenz Δp zwischen Förderraum und Anschlussniere [MUR16].

$$V_{Komp} = V_0 \cdot \frac{\Delta p}{E'_{Öl}} \tag{2}$$

$E'_{Öl}$ bezeichnet den Ersatzkompressionsmodul des Öls. Die kompressionsbedingten Pulsationen sind etwa um den Faktor 10 höher als die kinematisch bedingten Pulsationen [MUR16] und stellen den dominierenden Anregungsmechanismus in Kolbenpumpen dar [BER93, HAA84]. Für die anregungsrelevanten Volumenstromschwankungen sind daher das in der Pumpe befindliche Öl und die Umsteuergeometrie verantwortlich [FIE00].

Kinetische Pulsationen entstehen nur in ventilgesteuerten Verdrängermaschinen. Hier führen Schwingungseffekte zwischen mechanischen Komponenten der Ventile und der Ölsäule zu Pulsationen. [GOE07]

Leckagebedingte Pulsationen werden durch drehwinkelabhängig wechselnde innere Leckagevolumenströme verursacht, was bspw. bei Schraubenspindelpumpen einen großen Anteil an den Gesamtpulsationen ausmachen kann [GOE07]. Bei Kolbeneinheiten ist der Anteil von leckagebedingten Pulsationen an den Gesamtpulsationen gering gegenüber kinematischen und kompressionsbedingten Pulsationen [GOE79]. Grund hierfür sind die in weiten Betriebsbereichen guten volumetrischen Wirkungsgrade und die damit verbundenen kleinen Leckagemengen [JAR97].

Die Volumenstrompulsationen laufen bei gleicher Geometrie und stationären Betriebsbedingungen für jeden Verdrängerraum identisch ab. Bei stationärer Drehzahl n und z

Verdrängerräumen bzw. Kolben resultiert hieraus eine Gesamtpulsation, die periodisch mit der Kolbenfrequenz f_K oder Vielfachen davon abläuft [GOE07].

$$f_K = z \cdot n \tag{3}$$

Beim Einsteuern der einzelnen Verdrängerräume wird das hydraulische System meist impulsartig angeregt. Dadurch werden auch höhere Frequenzen, nämlich ganzzahlige Vielfache der Kolbenfrequenz, angeregt [BER93].

2.1.1.2 Ausbreitung von Flüssigkeitsschall

In hydrostatischen Systemen überträgt die Druckflüssigkeit neben der hydraulischen Nutzenergie auch die von den hydrostatischen Einheiten erzeugten Pulsationen [ESS96]. Die Volumenstrompulsationen der Verdrängereinheiten verursachen im angeschlossenen Leitungssystem Druckpulsationen, deren Ausprägung von der Art des Leitungssystems abhängt. Sie breiten sich nur in Form von longitudinalen Wellen aus; Transversalwellen können aufgrund der nicht vorhandenen Formelastizität der Flüssigkeit nicht auftreten [WOL16]. Die longitudinalen Wellen beruhen auf Druck-Dichte Schwankungen des elastischen Fluids. Weil sich durch die Wellenausbreitung der Strömungszustand am gleichen Ort mit der Zeit ändern kann, wird von instationärer Strömung gesprochen [MUR16]. Die Wellen breiten sich im Öl mit der Schallgeschwindigkeit bzw. Wellenausbreitungsgeschwindigkeit $c_{\text{Öl}}$ gemäß Gl. (4) aus.

$$c_{\text{Öl}} = \sqrt{\frac{E'_{\text{Öl}}}{\rho_{\text{Öl}}}} \tag{4}$$

Die Schallgeschwindigkeit des Öls ist aufgrund der Druckabhängigkeit von $E'_{\text{Öl}}$ und der Dichte $\rho_{\text{Öl}}$ ebenfalls druckabhängig. Die räumliche Ausdehnung einer Schallwelle wird durch die Wellenlänge λ gemäß Gl. (5) charakterisiert.

$$c_{\text{Öl}} = \lambda \cdot f \tag{5}$$

In Leitungssystemen werden das Schwingungsverhalten und die Flüssigkeitsschallausbreitung wesentlich von den hydraulischen, frequenzabhängigen Widerständen des Systems beeinflusst. Zur anschaulichen Beschreibung kann das System mit konzentrierten Parametern betrachtet werden, das sich in Analogie zur Elektrotechnik aus Kapazitäten, Induktivitäten und Widerständen zusammensetzt [ESS96]. In Rohrleitungen stellen bspw. Blenden, Drosseln und Reibungsverluste an der Rohrwandung hydraulische Widerstände dar. Die Reibung ist frequenzabhängig, weil sich bei instationärer Strömung mit zunehmender Frequenz eine pfropfenförmige Strömung ausbildet, die aufgrund des hohen Geschwindigkeitsgradienten in Wandnähe zu hohen

Reibungsverlusten führt [THE84]. Das kapazitive Verhalten ist durch die Elastizität der Flüssigkeit zu erklären, die bei Druckerhöhung komprimiert wird. Induktivitäten werden durch die Masse der Flüssigkeitssäule im Rohr gebildet, für deren Beschleunigung aufgrund ihrer Trägheit Druckdifferenzen notwendig sind. Gemeinsam bilden diese drei Widerstandsarten ortsabhängige Leitungswiderstände. [MUR16] An Diskontinuitäten, also bspw. an Umlenkungen, Querschnittssprüngen, Verzweigungen oder an hydraulischen Komponenten, ändert sich der Leitungswiderstand sprungartig. In der Flüssigkeitssäule ausbreitende Wellen werden an Unstetigkeitsstellen teilweise reflektiert und teilweise durchgelassen [MUR16]. Es kommt zu Überlagerungen bzw. Interferenzen, wobei sich die Amplituden der Wellen je nach Phasenlage verstärken oder vermindern können. In Abhängigkeit der Anregungsfrequenz können dadurch im Leitungssystem Resonanzen oder Antiresonanzen auftreten [GOE07].

2.1.2 Simulations- und Modellierungsmethoden

Im Folgenden wird ein grundsätzlicher Überblick über die im Rahmen dieser Arbeit verwendeten Simulations- und Modellierungsmethoden gegeben.

2.1.2.1 Fluidsimulation

Die Schwingungsvorgänge einer Flüssigkeit können als eindimensional behandelt werden, falls die Leitungsabmessungen in Längsrichtung viel größer als in Querrichtung sind [HOF76]. Die eindimensionale Wellentheorie ist anwendbar, solange die interessierenden Frequenzen unterhalb der Grenzfrequenz f_{Grenz} liegen, die von der Schallgeschwindigkeit des Mediums $c_{Öl}$ und dem Innendurchmesser der Leitung d gemäß Gl. (6) abhängt [THE84].

$$f_{Grenz} = \frac{c_{Öl}}{2 \cdot d} \tag{6}$$

Ein typischer eindimensionaler Modellierungsansatz zur Untersuchung instationärer Rohrströmung in hydraulischen Systemen besteht in einer Finiten-Volumen-Diskretisierung, bei der das betrachtete System in eindimensionale Einzelvolumina zerlegt wird. Über den Bereich eines Volumenelements werden die skalaren Größen Druck, Temperatur, Dichte, innere Energie, Enthalpie und Konzentrationen als konstant angenommen. Die Volumenelemente sind über Grenzflächen miteinander verbunden, in denen die vektoriellen Größen wie Massenstrom und Geschwindigkeit abgebildet werden. Die Strömungssimulation erfolgt durch Lösen partieller Differentialgleichungen in allen Volumenelementen. Für jedes Element werden drei Erhaltungsgleichungen gelöst, die den Erhalt von Masse, Energie und Impuls beschreiben. Aufgrund der eindimensionalen Betrachtung sind die Größen über der Flussrichtung gemittelt. Die Impulsgleichung basiert typischerweise auf der Navier-Stokes-Gleichung für kompressible Fluide und berücksichtigt unter anderem Verluste durch Strömungsumlenkungen, Strömungsexpansionen an Querschnittsänderungen und Reibung. Querschnittsänderungen führen durch Änderungen der Strömungsgeschwindigkeit zu Änderungen der Fluideigenschaften wie Druck, Dichte, Schallgeschwindigkeit und Temperatur. Wellen, die sich entlang der Flussrichtung ausbreiten, werden an diesen Stellen reflektiert. Bei der Betrachtung instationärer Strömungen sind insbesondere sprunghafte Querschnittsänderungen durch eine entsprechend feine Diskretisierung zu berücksichtigen. Die Diskretisierungslänge wirkt sich auf die Simulationszeit und erzielbare Genauigkeit aus. Die Zeitschrittweite und somit die Simulationszeit wird von den kleinsten Elementen bestimmt; die Ergebnisgenauigkeit ist durch die größten Elemente limitiert. Zur Erzielung möglichst genauer Ergebnisse bei möglichst kurzer Simulationszeit sollten daher die Diskretisierungslängen für alle Volumenelemente gleich groß sein. [GAM16]

2.1.2.2 Finite-Elemente-Methode

Die Finite-Elemente-Methode (FEM) ist im Bereich der Ingenieurwissenschaften ein weit verbreitetes numerisches Verfahren für unterschiedliche physikalische Problemstellungen. Im Rahmen dieser Arbeit wird die FEM zur Modellierung der Strukturdynamik und Luftschallabstrahlung genutzt.

Der grundsätzliche Ansatz der FEM liegt in der Reduktion eines Problems mit unendlich vielen Freiheitsgraden in ein Problem mit einer begrenzten Anzahl an Freiheitsgraden. Durch Diskretisierung werden die betrachteten Systeme in eine begrenzte, also finite, Anzahl von Elementen zerlegt. Die Elemente weisen Materialeigenschaften, eine Geometrie und eine gewisse Anzahl von Knoten auf. Über die Knoten, die die Freiheitsgrade des diskretisierten Systems darstellen, sind angrenzende Elemente miteinander verbunden. Die Knotenpositionen definieren die Elementgeometrie, wobei es sich hierbei um einfache Geometrien, wie Tedraeder oder Hexaeder bei Volumenelementen, handelt. Aufgrund der einfachen Geometrien kann das Elementverhalten durch analytische Ansatzfunktionen bestimmt werden, die mit den Funktionswerten in den Knoten gewichtet werden. Zusammen mit den äußeren Randbedingungen ergibt sich für ein System finiter Elemente ein Differentialgleichungssystem, dessen Lösung durch Linearisierung angenähert wird. [KW17, KLE15]

Die Genauigkeit der Näherungslösung nimmt mit steigender Elementanzahl zu. Insbesondere bei dynamischen Betrachtungen mit steigenden Frequenzen bzw. sinkenden

Wellenlängen sind zur Auflösung des Schwingungsphänomens immer feinere Diskretisierungen notwendig. Hierdurch steigen der Berechnungsaufwand und die Rechenzeiten an. Tiefergehendes Verständnis zur FEM liefert [BAT02].

Zur Verringerung von Rechenzeiten vor allem für große Systeme mit hohem Elementanzahlen kann die Anzahl der Freiheitsgrade mithilfe von Reduktionsverfahren reduziert werden, vgl. [WDS07, CB68]. Die reduzierten Strukturen können in der FEM weiterverwendet oder in andere Simulationsumgebungen wie der Mehrkörpersimulation zur recheneffizienten Berücksichtigung der Verformungseigenschaften einer Struktur in Form flexibler Körper überführt werden [SAN16].

2.1.2.3 Elastische Mehrkörpersimulation

Die Mehrkörpersimulation (MKS) dient der Beschreibung des Bewegungsverhaltens diskreter Systeme, die aus starren Körpern und Verbindungselementen aufgebaut sind. Die Verbindungselemente der MKS erlauben die Beschreibung von nichtlinearem Anregungs- und Übertragungsverhalten. Für unterschiedliche Maschinenelemente wie Verzahnungsstufen und Wälzlager existieren individuelle Berechnungsmodule mit unterschiedlichen Detailgraden. Zur gleichzeitigen Betrachtung großer Bauteilbewegungen, wie etwa Rotationen oder Verlagerungen einzelner Antriebsstrangkomponenten, zusammen mit kleinen Bauteilverformungen in einem Modell, eignet sich die elastische MKS (EMKS) [FE11]. Durch Einbindung flexibler Körper ermöglicht die EMKS eine effiziente Abbildung des gekoppelten Systemverhaltens aus Strukturdynamik, nichtlinearem Übertragungsverhalten und transienten Anregungen unter variablen Betriebsbedingungen sowohl im Frequenz- als auch im Zeitbereich. Zur transienten Berechnung des gekoppelten Systemverhaltens von Antriebssystemen bis in höherfrequente Bereiche hat sich die EMKS etabliert, vgl. [JDM+19, BER17, WEG17, KAM16, SAN16, FBS+13, KMK13, RCK13, SEI08]. Tiefergehendes Verständnis zur EMKS ist in [SHA14, SW99] gegeben.

2.1.2.4 Berechnung von Luftschallabstrahlung

Grundsätzlich kann zwischen zwei numerischen Verfahren zur Berechnung von Luftschallabstrahlung unterschieden werden. Bei der direkten Methode zur Luftschallberechnung, dargestellt in Abbildung 2 (a), wird das Luftschallfeld für jeden Zeitschritt vollständig berechnet. Diese Berechnung ist sehr aufwendig und rechenintensiv, insbesondere bei großen Systemen mit weiten Betriebsbereichen, z. B. Hochläufen. Bei der zweiten Methode, Abbildung 2 (b), wird das Abstrahlverhalten, das abhängig von der Geometrie, der Frequenz und den Fluideigenschaften, aber unabhängig vom Betriebspunkt ist, nur ein einziges Mal berechnet und in Form des Acoustic Transferpath

Vectors (ATV) zusammengefasst. Der ATV kombiniert die Übertragungsfrequenzgänge (engl. frequency response function, kurz FRF), die das frequenzabhängige Verhältnis des Schalldrucks an einem Empfängerpunkt zur Geschwindigkeit eines Oberflächenpunktes beschreiben, für alle Oberflächenpunkte in einem Vektor. Für die Luftschallberechnung wird der ATV für jeden Zeitschritt mit den Oberflächengeschwindigkeiten gefaltet. Das ATV-basierte Verfahren bietet bei der Luftschallberechnung ein hohes Potential zur Reduzierung des Rechenaufwandes, vgl. [GTE+02, MTG01].

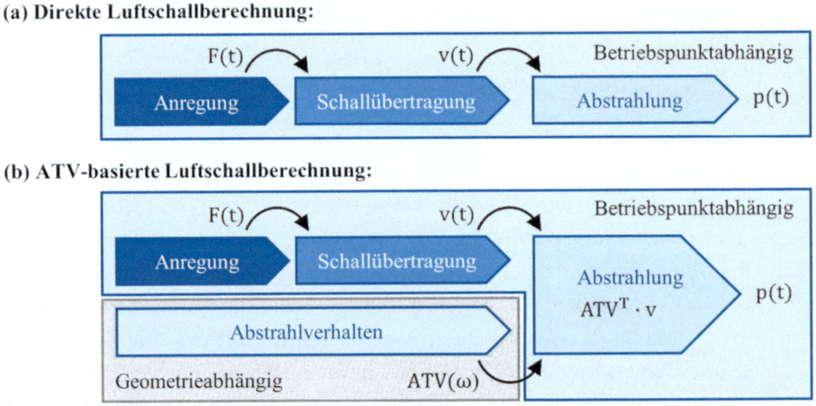

Abbildung 2: Vergleich von (a) direkter und (b) ATV-basierter Luftschallberechnung

Etablierte Methoden zur Berechnung von Luftschall stellen die FEM und die Randelemente-Methode (engl. boundary element method, kurz BEM) dar. Beide Methoden eignen sich für die Untersuchung von Problemen, bei denen das physikalische Verhalten des akustischen Mediums durch die Helmholtz-Gleichung beschrieben werden kann, vgl. [EST08]. Bei der FEM muss das dreidimensionale Luftraumvolumen modelliert werden, das sowohl an die schallabstrahlende Oberfläche grenzt als auch die Empfängerpunkte beinhaltet. Im Vergleich dazu wird bei der BEM nur die schallabstrahlende Oberfläche und die Positionen der Empfängerpunkte modelliert. Daher sind der Modellierungsaufwand und die Dimension der Systemmatrix bei der BEM im Vergleich zur FEM typischerweise geringer. Die Systemmatrix ist in der FEM symmetrisch und schmalbandig, da sich hier nur benachbarte Knoten gegenseitig beeinflussen [KW17]. In der BEM hingegen ist die Systemmatrix asymmetrisch und vollbesetzt [KOL00], wodurch der Rechenaufwand in der BEM bei einer vergleichbaren Anzahl von Elementen höher ist als in der FEM. Die Auswahl der Methode richtet sich typischerweise nach der Berechnungseffizienz, die abhängig vom betrachteten System, insbesondere der Geometrie der abstrahlenden Fläche sowie der Entfernung des Empfängerpunktes im Raum, ist.

2.1.3 Methoden der Transferpfadanalyse

Ziel der im Bereich der Messtechnik etablierten TPA-Methoden ist die zielgerichtete und übersichtliche Analyse des NVH-Verhaltens auf Systemebene. Die TPA-Methoden finden insbesondere im automobilen NVH-Bereich Anwendung, vgl. [ZEL09, VMD+07, PLU05]. Das Konzept der TPA besteht in der Zerlegung des Gesamtschalls an einem Empfängerpunkt in einzelne Schallbeiträge. Die Empfängerpunkte befinden sich typischerweise an Positionen im System, für die bestimmte schalltechnische Anforderungen definiert sind, wie bspw. maximale Körperschallpegel an bestimmten Schnittstellen. Die Schallbeiträge können basierend auf der Messkonfiguration einzelnen Schallquellen oder einzelnen Übertragungswegen zugeordnet werden. Mit dem Wissen über dominante Schallquellen oder Transferpfade können Optimierungsmaßnahmen zielgerichtet ermittelt werden.

Die TPA ermöglicht es, komplexe Schwingungsphänomene auf eine begrenzte Anzahl von Pfaden zu reduzieren. Dabei werden alle Eigenschaften, die für das NVH-Verhalten relevant sind, berücksichtigt. Dazu gehören die Wechselwirkung zwischen Anregung und Strukturdynamik bzw. Übertragungspfaden ebenso wie Interferenzeffekte durch Phasendifferenzen, die zur Verstärkung oder Verringerung von Schallamplituden führen. Die berechneten Schallbeiträge helfen, dominante Quellen oder Pfade strukturiert und zielgerichtet zu ermitteln. Die Schallbeiträge werden durch Multiplikation von Kräften oder Schallgrößen aus Betriebsmessungen mit gemessenen Übertragungseigenschaften berechnet. Gemäß dem Ansatz der dynamischen Substrukturierung [KRV08] wird dazu das betrachtete Gesamtsystem AB in die Subsysteme A und B unterteilt bzw. substrukturiert, Abbildung 3.

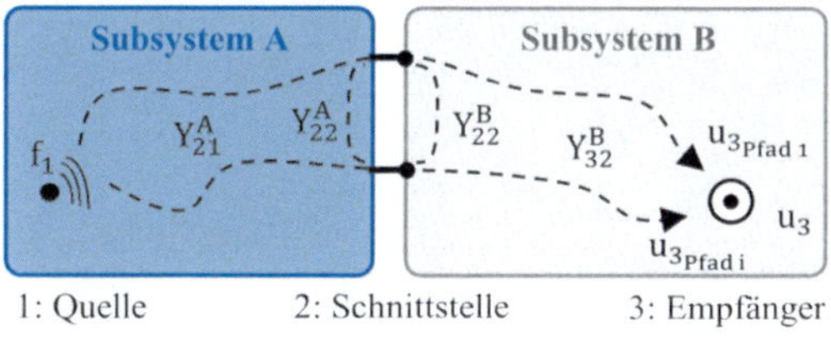

Abbildung 3: Vorgehensweise zur TPA: Substrukturierung des Systems AB

Die Schnittstellen und damit die Pfade werden durch die Wahl der Schnittebene bestimmt. Subsystem A ist in der Regel die Aktivseite, die die Anregungsquellen mit den Anregungskräften f_1 enthält. Subsystem B ist die Passivseite, die typischerweise über mehrere Schnittstellen von Subsystem A angeregt wird und die Empfängerpunkte beinhaltet. Die analysierte Schallgröße u kann Verschiebungen, Geschwindigkeiten oder Beschleunigungen darstellen. Die komplexwertige Summation der Schallbeiträge $u_{3_{\text{Pfad i}}}$ aller n Pfade ergibt den Gesamtschall u_3 am Empfängerpunkt:

$$u_3 = \sum_{i=1}^{n} u_{3_{\text{Pfad i}}} \tag{7}$$

Die Übertragungseigenschaften des substrukturierten Systems werden in Form der FRFs Y_{21}^{A}, Y_{22}^{A}, Y_{22}^{B} und Y_{32}^{B} beschrieben. Die hochgestellten Indizes bezeichnen das Subsystem und die tiefgestellten Indizes den Anregungs- und Antwortpunkt des FRFs.

In den letzten Jahrzehnten wurde eine Vielzahl unterschiedlicher TPA-Methoden entwickelt. In [VKR16] ist ein Überblick und eine Klassifizierung der Methoden gegeben. Die Methoden lassen sich in drei TPA-Familien unterteilen:

- Klassische TPA
- Komponentenbasierte TPA
- Transmissibilitätsbasierte TPA

Die klassische und die komponentenbasierte TPA stellen physikalische Methoden dar, während die transmissibilitätsbasierte TPA auf Korrelationen und Statistik basiert. Die transmissibilitätsbasierte TPA, wie bspw. die Operationelle TPA (OTPA), bietet den Vorteil eines reduzierten Messaufwands, da im Vergleich zu den anderen Methoden keine FRF-Messungen und nur Betriebsmessungen am zusammengebauten Gesamtsystem durchgeführt werden müssen.

Die Berechnung der klassischen und komponentenbasierten TPA kann mit dem allgemeinen Ansatz zur Substrukturierung hergeleitet werden, vgl. [KRV08]. Unter den Bedingungen der Verschiebungskompatibilität $u_2^A = u_2^B$ und des Kräftegleichgewichts $g_2^A + g_2^B = 0$ in der Schnittebene kann der durch die Quellkraft f_1 verursachte Gesamtschall u_3 am Empfänger wie folgt bestimmt werden:

$$u_3 = Y_{32}^{B} \cdot (Y_{22}^{A} + Y_{22}^{B})^{-1} \cdot Y_{21}^{A} \cdot f_1 \tag{8}$$

Sowohl bei der klassischen als auch bei der komponentenbasierten Methode werden die Schallbeiträge aus zeitabhängigen Kräften und frequenzabhängigen Übertragungseigenschaften in Form von FRFs berechnet. Die Methoden unterscheiden sich darin, wie die Matrizen in Gl. (8) kombiniert werden. Die gewählte Kombination führt bei den Messungen zu unterschiedlichen Substrukturierungen des Gesamtsystems.

Bei der klassischen TPA werden die Kräfte im montierten Gesamtsystem AB ermittelt. Diese Kräfte entsprechen den Schnittkräften. Die FRFs werden an dem isolierten passiven Subsystem B ermittelt. Das Produkt aus Schnittkräften g_2^B und Y_{32}^B liefert die Pfadbeiträge.

$$u_3 = Y_{32}^B \cdot (Y_{22}^A + Y_{22}^B)^{-1} \cdot Y_{21}^A \cdot f_1 = Y_{32}^B \cdot g_2^B \tag{9}$$

mit

$$g_2^B = (Y_{22}^A + Y_{22}^B)^{-1} \cdot Y_{21}^A \cdot f_1 \tag{10}$$

Für die komponentenbasierte TPA werden die äquivalenten Kräfte f_{eq}^A ermittelt, die nur vom quellseitigen Subsystem A abhängen. Zusammen mit den im Gesamtsystem AB ermittelten Übertragungseigenschaften Y_{32}^{AB} werden die Pfadbeiträge berechnet. Die Herleitung ist in Gl. (11) dargestellt, wobei Gl. (8) hierzu um $Y_{22}^A \cdot (Y_{22}^A)^{-1}$ erweitert wird.

$$u_3 = Y_{32}^B \cdot (Y_{22}^A + Y_{22}^B)^{-1} \cdot Y_{22}^A \cdot (Y_{22}^A)^{-1} \cdot Y_{21}^A \cdot f_1 = Y_{32}^{AB} \cdot f_{eq}^A \tag{11}$$

mit

$$Y_{32}^{AB} = Y_{32}^B \cdot (Y_{22}^A + Y_{22}^B)^{-1} \cdot Y_{22}^A \tag{12}$$

$$f_{eq}^A = (Y_{22}^A)^{-1} \cdot Y_{21}^A \cdot f_1 \tag{13}$$

Wie in Gl. (13) erkennbar, sind die äquivalenten Kräfte f_{eq}^A nur vom aktiven Subsystem A abhängig. In [VKR16] ist gezeigt, dass f_{eq}^A denjenigen Kräften entsprechen, die durch eine starre Einspannung des Systems A im Interface entstehen. Diese Kräfte werden als Blocked-Forces und die entsprechende Methode als Blocked-Force Methode bezeichnet. Die Methode bietet den Vorteil, dass zur Kraftermittlung lediglich das Subsystem A erforderlich ist.

2.2 NVH-Systemsimulation

Die Simulation des akustischen Systemverhaltens erfordert aufgrund hoher Wechselwirkungen des dynamischen Verhaltens von Komponenten und Subsystemen die Betrachtung auf Systemebene. Auch die Betriebs- und Randbedingungen, wie die Anbindung und Interaktion mit der Umgebung bzw. die Einbausituation, beeinflussen das dynamische Systemverhalten. Um entsprechend der maschinenakustischen Schallentstehungskette die kombinierte Betrachtung von Anregung, Weiterleitung und Abstrahlung zu ermöglichen, werden zur physikalischen Modellierung von Anregung, Strukturdynamik und Akustik domänenübergreifende Simulationsmodelle genutzt.

Der Stand der Forschung zeigt vor allem im Automobilbereich, der als Treiber für die Weiterentwicklung von Simulationsmethoden gesehen werden kann [KAM16], umfassende Methoden zur durchgängigen Luftschallprognose.

2.2.1 System PKW

Jüngste Forschungsarbeiten zu NVH-Systemsimulationen im Automobilbereich finden sich vor allem im Anwendungsbereich elektrifizierter Antriebsstränge.

Zur Prognose des antriebstrangbedingten Luftschallverhaltens eines elektrischen PKW-Antriebstrangs wurde in [RKW+15] und [JDM+19] eine umfangreich validierte Methodik zur NVH-Systemsimulation entwickelt. Die Berücksichtigung des gekoppelten Systemverhaltens aus nichtlinearem Übertragungsverhalten und transienten Anregungen ermöglicht die Bestimmung des Körper- und Luftschallverhaltens für variable Betriebsbedingungen. Zentrales Element stellt ein EMKS-Modell zur Berücksichtigung flexibler Körper, nichtlinearer Übertragungselemente, wie Wälzlager und Elastomerlager, und E-Maschinen- und Verzahnungsanregungen dar. Zur Einbindung der hochaufgelösten Anregungskräfte im Luftspalt der E-Maschine wird eine kennfeldbasierte Schnittstelle für die EMKS entwickelt, wobei auch nichtideales Anregungsverhalten, bspw. verursacht durch Rotorexzentrizitäten, berücksichtigt wird. Das strukturdynamische FE-Modell, das zur Erstellung der flexiblen Körper für die EMKS genutzt wird, wird schrittweise ausgehend von den Einzelbauteilen über Unterbaugruppen bis zur Gesamtbaugruppe im Zuge eines kleinschrittigen „Bottom-Up“ Prozesses erstellt, wobei auf jeder Modellierungsstufe eine Validierung und ggf. Anpassung mit Messdaten erfolgt. In [WEG17] werden relevante Einflussgrößen ermittelt und durch Detailmodelle im strukturdynamischen Modell, wie etwa Schraubenverbindungen und Kühlmitteleinfluss im Statorgehäuse, berücksichtigt. Die Berechnung des abgestrahlten Antriebsstrangluftschalls erfolgt mithilfe eines BEM-Abstrahlungsmodells unter Verwendung des ATV-Ansatzes, vgl. Kapitel 2.1.2.4. Durch Kopplung mit messtechnisch ermittelten Transferpfaden wird der Innenraumluftschall am Fahrerohr bestimmt. Zusätzlich werden Abhängigkeiten der Vorhersagequalität des Geräuschverhaltens von der Modelldetaillierung unter Berücksichtigung des menschlichen Hörempfindens ermittelt, um notwendige Detailgrade der Submodelle zu bestimmen, vgl. [DJM+21]. Die Validierung mit Messungen zeigt hohe Übereinstimmungen im Körper- und Luftschallverhalten über den weiten Betriebs- und Frequenzbereich bis 5 kHz.

Vorarbeiten, die gegenüber den oben genenannten Arbeiten Unterschiede in den Modellumfängen, Detailgraden und Berechnungseffizienzen zeigen, sind in [WEG17] zusammengefasst.

2.2.2 System Traktor

Forschungsarbeiten zu modellbasierten Untersuchungen des dynamischen Verhaltens auf Systemebene konzentrieren sich im Traktorenbereich insbesondere auf den unteren, akustisch nicht relevanten Frequenzbereich, wie etwa zur Analyse der Vertikaldynamik der Kabine [BCG+09] bzw. des Fahrersitzes [AHM14, RGS14], zur Analyse der Fahrdynamik mit dem Fokus auf der Reifenmodellierung [YAN20, WIT15, FER09, LEH05], sowie zur Ermittlung und Analyse dynamischer Lasten im Fahrbetrieb [GKV+18, BÖH01].

Modellbasierte Ansätze zur Untersuchung akustisch relevanter Frequenzbereiche existieren für Traktoren lediglich auf Subsystemebene. In [ZCY+14] wird ein FE-Modell zur strukturdynamischen und akustischen Analyse einer Traktorkabine vorgestellt, wobei die Anregungen messtechnisch ermittelt und im Modell an der Kabinenaufhängung aufgeprägt werden. Zur Untersuchung und Optimierung des von einer VKM abgestrahlten Luftschalls werden in [HBC+21] und [ARN16] FE-basierte Ansätze mit einer Kopplung von Strukturdynamik- und Akustikmodell vorgestellt, wobei zur Anregung Einheitskräfte angenommen werden und die Analyse qualitativ im Frequenzbereich erfolgt.

2.2.3 Subsystem hydrostatische Kolbeneinheiten

Aufgrund hoher Geräuschemission hydrostatischer Kolbeneinheiten befassen sich zahlreiche Forschungsarbeiten mit der Fragestellung der Geräuschminderung sowie der numerischen Modellierung des Anregungs-, Übertragungs- und ggf. Abstrahlverhaltens.

In [BIT12] wird eine Modellierungsmethode zur Beschreibung der Strukturdynamik einer Schrägscheibenpumpe in der FEM unter besonderer Berücksichtigung der verschraubten Fügestellen und Randbedingungen gegeben. Unter Nutzung einer in [NAF11] vorgestellten Anregungsmodellierung wird das Körperschallverhalten berechnet. Der Vergleich mit Messungen zeigt bis etwa 1 kHz ähnliche Größenordnungen der Schwingungsamplituden; oberhalb von 1 kHz treten Abweichungen von etwa 20 dB auf. Die Ursache für die Abweichung wird vor allem auf die Vernachlässigung höherfrequenter Anregungs- und transienter Stoßvorgänge zurückgeführt.

In [MM16] wird zur Untersuchung des Beschleunigungspegels auf dem Gehäuse einer Schrägscheibenmaschine ein eindimensionales Anregungsmodell mit einem EMKS-

Modell gekoppelt. Die Druckanregungen werden mit dem vereinfachten Anregungsmodell einer Rechteckschwingung angenähert. Der Kopplungsansatz wird nicht dargelegt. Die Validierung erfolgt für einen Betriebspunkt für einzelne wenige Frequenzstützstellen.

In [YZX+17] wird ein dreistufiger Modellierungsansatz zur Beschreibung einer Schrägscheibenpumpe vorgestellt. Mithilfe eines Modells mit konzentrierten Parametern wird der Zylinderdruck und hieraus die resultierenden Kräfte bestimmt, die jeweils in einem Kraftangriffspunkt auf der Steuerscheibe bzw. auf der Schrägscheibe angreifen. Die Kräfte werden im Zeitbereich berechnet und in den Frequenzbereich transformiert. Mit einem FE-Modell wird das Übertragungsverhalten ermittelt. Zur Luftschallberechnung wird das FE-Modell mit einem Abstrahlungsmodell in der BEM gekoppelt. Die für einen einzelnen Betriebspunkt im Frequenzbereich berechneten Körper- und Luftschallantworten zeigen, dass der Ansatz nur für Frequenzen, die im Bereich der Anregungsfrequenzen liegen, Gültigkeit aufweist.

In [PLH+18] wird das Körper- und Luftschallverhalten einer isolierten Schrägscheibenmaschine untersucht. Die Strukturdynamik wird mithilfe eines EMKS-Modells modelliert. Die Anregungsberechnung erfolgt in einem eindimensionalem Fluidmodell, dessen Ansatz und Kopplung mit dem strukturdynamischen Modell nicht weiter erläutert werden. Zur Körperschallbestimmung wird ein einzelner Drehzahlpunkt betrachtet. Der Vergleich zwischen gemessenen und simulierten Beschleunigungen zeigt Abweichungen, die mit den unterschiedlichen Randbedingungen im Prüfaufbau begründet werden.

Ein durchgängig validierter Modellierungsansatz zur Bestimmung des akustischen Verhaltens eines Schrägscheibenmotors ist in [SCH17] gezeigt. Zur Anregungsberechnung wird ein eindimensionales Fluidmodell genutzt, das mit einem dreidimensionalem Strömungsmodell verifiziert wird und hohe Genauigkeit zeigt. Die Strukturdynamik wird in einem FE-Modell beschrieben und mittels Modalanalysen umfassend validiert. Zur Luftschallberechnung wird das FE-Modell um ein Abstrahlungsmodell erweitert. Durch Linearisierung des FE-Modells werden FRFs berechnet und zur Luftschallberechnung mit den Anregungskräften multipliziert. Die Validierung des berechneten Schalldruckpegels zeigt hohe Übereinstimmung zu Messungen. Aufgrund der hohen Berechnungszeiten des gekoppelten FE-Modells ist die Betrachtung auf einzelne Betriebspunkte und Frequenzstützstellen begrenzt.

Die oben genannten Arbeiten beschränken sich auf Kolbeneinheiten in Schrägscheibenbauweise. Für eine Kolbeneinheit in Schrägachsbauweise wird in [ME10] die Bestimmung der aus dem Kolbendruck resultierenden Kräfte und Momente gezeigt, wobei von einem rechteckigen Druckprofil ausgegangen wird. Besonderer Fokus liegt in der Beschreibung der komplexen Kinematik von Schrägachsenmaschinen.

Darüber hinaus wird in zahlreichen Forschungsarbeiten, vgl. [BAU19, KI19, GOE07, MÜL02, FIE00, JAR97], die Reduktion von Flüssigkeitsschallanregung und -ausbreitung unter Nutzung von Strömungssimulationen, wie die eindimensionale Fluidsimulation, aber ohne die weitere numerische Betrachtung der Auswirkungen im Körper- und Luftschallverhalten, untersucht. Maßnahmen, die auf eine Reduktion der Volumenstrompulsationen während des Umsteuervorgangs abzielen, wie bspw. durch Änderung der Steuerplattengeometrie, werden mithilfe detaillierter Pumpenmodelle ermittelt, wobei das Leitungssystem meist vereinfacht oder idealisiert in Form reflexionsfreier Leitungsabschlüsse modelliert wird, vgl. [KI19, JAR97]. Zur Bewertung von Maßnahmen, die auf eine Reduktion der Flüssigkeitsschallausbreitung im Leitungssystem abzielen, wie etwa der Einsatz von Flüssigkeitsschalldämpfern, werden typischerweise detaillierte Modelle des Leitungssystems genutzt, die mit vereinfachten Pumpenmodellen, wie Impedanzmodelle, vgl. [FIE00], oder mit messtechnisch ermittelten Pulsationsmodellen kombiniert werden, vgl. [BAU19]. Anwendungen mit detaillierten Modellierungsansätzen zur Beschreibung instationärer Rohrströmung in hydrostatischen Gesamtsystemen, wie das eines geschlossenen hydrostatischen Getriebes, und zur Berücksichtigung nichtlinearer Wechselwirkungen zwischen den Systembestandteilen sind nicht bekannt.

2.2.4 Analysemethoden für NVH-Systemmodelle

Die Analyse und Auswertung von NVH-Ergebnissen aus numerischen Modellen erfolgt typischerweise durch die Betrachtung einzelner Messpunkte oder der am Schwingungsereignis beteiligten räumlichen Struktur.

Analog zur experimentellen Messauswertung mit einzelnen Sensoren werden bei der Betrachtung einzelner Messpunkte die Signale zur Analyse typischerweise in den Frequenzbereich transformiert und in Form von Spektrogrammen oder frequenzselektiven Pegelwerten, wie etwa Gesamt-, Bandpass-, Ordnungs- und Terzpegeln, visualisiert [KLE08]. Die ausgewählten Sensorpunkte weisen oft eine hohe Sensitivität bezüglich der exakten Position des Sensors auf. Darüber hinaus geben einzelne Sensorpunkte meist nur einen begrenzten Einblick in einen bestimmten Ausschnitt des Systemverhaltens. Die Ableitung von Optimierungsmaßnahmen, die das globale Systemverhalten beeinflussen, ist durch Auswertung von Einzelpunkten nur eingeschränkt möglich.

Bei der Betrachtung der am Schwingungsereignis beteiligten räumlichen Struktur werden zur Analyse typischerweise Größen wie Verformungen, Schwinggeschwindigkeiten oder Beschleunigungen herangezogen, um bspw. Modenformen oder Betriebsschwingformen zu analysieren, vgl. [MFR02]. Teilweise werden auch Größen wie Energieverteilung oder Strukturintensität zur Analyse von Körperschall herangezogen, vgl. [EXN18, HER12]. Die ausgewählten Größen werden entweder für einzelne Zeitpunkte oder einzelne Frequenzen ausgewertet. Typischerweise wird eine große Anzahl von Bewertungspunkten gleichzeitig betrachtet. Bei komplexen dreidimensionalen Strukturen, vielen interagierenden Bauteilen oder weiten zu berücksichtigenden Betriebs- und Frequenzbereichen ist die Analyse nur schwer überschaubar. Insbesondere die Identifikation von Schwachstellen im vibroakustischen Transferverhalten ist mit den genannten Methoden sehr aufwendig und häufig nicht praktikabel.

Demgegenüber sind aus dem Bereich der Messtechnik die Methoden der TPA bekannt, vgl. Kapitel 2.1.3. In ersten Arbeiten wurde die Anwendung von TPA-Methoden auf numerische Modelle, auch als numerische TPA (NTPA) bezeichnet, gezeigt, allerdings jeweils nur unter Berücksichtigung einzelner Betriebspunkte. [AON+15] und [VPV+15] zeigen die Anwendung der klassischen Direct-Force Methode. In [WSA18] wird die Anwendung der komponentenbasierten In-situ Methode für ein linearisiertes System im Frequenzbereich vorgestellt. Aufgrund der indirekten Kraftbestimmung bei der In-situ Methode ist ein umfangreiches Post-Processing notwendig. Der Vorteil numerischer Modelle, Kräfte ohne weitere aufwendige Berechnungen direkt zur Verfügung zu stellen, wird nicht genutzt.

2.3 Fazit

Der Stand der Forschung zeigt auf, dass im PKW-Bereich validierte Modellierungsmethodiken existieren, die eine Prognose des NVH-Verhaltens auf Systemebene über einen weiten Betriebs- und Frequenzbereich erlauben, insbesondere für elektrifizierte Antriebe zur Beschreibung des tonalen nichtlinearen Anregungsverhaltens elektrischer Maschinen in strukturdynamischen Maschinenverbünden, vgl. [DJM+21, JDM+19, RKW+15].

Hingegen sind vergleichbare, validierte Methodiken zur NVH-Systemsimulation im Anwendungsgebiet von Traktoren nicht bekannt. Insbesondere existiert in diesem Anwendungsgebiet keine Methode zur Modellierung der hydrostatischen Getriebeanregungen im strukturdynamischen Maschinenverbund. Forschungsarbeiten zeigen NVH-Betrachtungen auf Subsystemebene, wie etwa der Kabine oder der VKM, wobei die Methoden keine physikalische Beschreibung der gesamten maschinenakustischen Schallentstehungskette, bestehend aus Anregung, Übertragung und Abstrahlung, ermöglichen. Die Anregungen werden meist messtechnisch ermittelt oder in Form synthetischer Einheitskräfte aufgeprägt. Durchgängige Validierungen werden nicht gezeigt; es erfolgen qualitative Korrelationen zwischen Simulations- und Messergebnissen. Umfassende Untersuchungen mit vergleichbaren Modellumfängen oder Detailgraden wie im PKW-Bereich sind im Anwendungsbereich von Traktoren nicht zu finden.

Forschungsarbeiten zur durchgängigen modellbasierten Analyse des Geräuschverhaltens hydrostatischer Antriebe beschränken sich auf die detaillierte Beschreibung des Subsystems einzelner hydrostatischer Pumpen oder Motoren. Die Anregungsmodellierung erfolgt typischerweise mithilfe eindimensionaler Fluidsimulationsansätze durch die Beschreibung der Druckwechselvorgänge im Zylinderraum der betrachteten Einheit; Wechselwirkungen im Anregungsverhalten, wie sie in geschlossenen hydrostatischen Getrieben aufgrund der direkten Kopplung der Einheiten im geschlossenen Kreislauf auftreten, bleiben unberücksichtigt. Zur Beschreibung des strukturdynamischen Verhaltens existieren detaillierte FE Ansätze, die aufgrund begrenzter Effizienz nur zur Analyse einzelner Betriebspunkte und auf den Frequenzbereich beschränkt sind und keine Betrachtung auf Systemebene im Zeitbereich erlauben. Durchgängige Beschreibungen des Anregungs-, Übertragungs- und Abstrahlverhalten finden sich nur für Kolbenmaschinen in Schrägscheibenbauart; Schrägachseneinheiten bleiben unberücksichtigt. Eine durchgängige validierte Methode für einen Schrägscheibenmotor ist in [SCH17] gegeben.

Zur zielgerichteten Analyse von NVH Modellen wurden in ersten Arbeiten die Umsetzung einzelner TPA-Methoden auf numerische Modelle gezeigt. Eine systematische Auswahl und Gegenüberstellung der Methoden insbesondere für die Anwendung auf transiente EMKS Systemmodelle ist bisher nicht erfolgt. Auch wurden einige aus der Messtechnik bekannte TPA-Methoden, wie die komponentenbasierte Blocked-Force Methode, bei der die Bestimmung der Betriebskräfte nur anhand des Subsystems A erfolgt und daher eine Reduktion der Rechenzeit gegenüber anderen Methoden erwarten lässt, bisher noch nicht für die Anwendung auf numerische Modelle berücksichtigt.

3 Forschungsbedarf und Forschungskonzept

3.1 Forschungsbedarf

Wie der Stand der Technik aufzeigt, existieren im Traktorenbereich - im Gegensatz zum PKW-Bereich - keine Modellierungsmethodiken, die eine Prognose des NVH-Verhaltens auf Systemebene über einen weiten Betriebs- und Frequenzbereich erlauben. Insbesondere fehlen Methoden zur gekoppelten Betrachtung des nichtlinearen Anregungsverhaltens geschlossener hydrostatischer Getriebe im strukturdynamischen Maschinenverbund zur transienten Körper- und Luftschallprognose über weite Betriebsbereiche auf Systemebene.

Eine direkte Anwendung der bekannten Modellierungsmethodiken aus dem PKW-Bereich auf den Traktorenbereich ist insbesondere aufgrund der unterschiedlichen Art der Hauptanregungsquelle nicht möglich. Im Gegensatz zu den Anregungen aus der elektrischen Maschine sowie der Verzahnung bei elektrifizierten PKW-Antriebssträngen stellen beim LVG von Traktoren die Hydrostaten die dominante Anregungsquelle dar. Die über Ölleitungen gekoppelten Hydrostaten innerhalb der LVG-Struktur weisen nichtlineares Anregungsverhalten auf. Neben drehzahlproportionalen Hauptanregungsordnungen treten aufgrund der direkten Kopplung und gegenseitigen Beeinflussung der Volumenstrompulsationen beider Einheiten Modulationsschwingungen auf, die zu Änderungen von Amplitude und spektraler Zusammensetzung der Druckpulsationen und somit der Anregungskräfte führen. Weitere Nichtlinearitäten resultieren aus dem druck- und frequenzabhängigen Eigenverhalten des Leitungssystems und damit verbundener Resonanzeffekte, die ebenfalls in frequenzabhängigen Änderungen der Pulsations- und Anregungsamplituden resultieren. Auch die veränderlichen Schwenkstellungen der Schwenkgehäuse zur variablen Einstellung des Fördervolumens der Einheiten wirken sich auf die Richtungen der auf die Struktur einwirkenden Anregungskräfte aus. Zur Abbildung des Anregungsverhalten sind die für das NVH-Verhalten relevanten Nichtlinearitäten innerhalb der LVG Struktur zu berücksichtigen.

Der Forschungsbedarf liegt in der Entwicklung einer Modellierungsmethodik zur Abbildung des nichtlinearen Pulsationsverhalten der Hydrostaten innerhalb der LVG Struktur und der effizienten Einbindung in die Systemsimulation, um transiente Körper- und Luftschallberechnung über weite Betriebs- und Frequenzbereiche im Systemkontext zu ermöglichen. Zur entwicklungsbegleitenden Anwendung ist ein Ansatz erforderlich, der basierend auf den im PEP vorliegenden physikalischen Parametern, wie Geometrie-, Fluid- und Werkstoffeigenschaften sowie der Betriebsstrategie, eine effiziente Bestimmung von Flüssigkeits-, Körper- und Luftschall erlaubt.

Neben einer Methode zur Berücksichtigung hydrostatischer Anregungen bedarf es einer Übertragung der bekannten strukturdynamischen Modellierungsmethoden aus dem PKW-Bereich für die Anwendung im Traktorenbereich insbesondere vor dem Hintergrund der Systemgröße und des Fahrzeugaufbaus. Die Systemgrößen, speziell die Anzahl und die Abmaße beweglicher und nicht beweglicher Teile, sind beim Traktorantriebsstrang teilweise um ein Vielfaches größer als beim elektrifizierten PKW-Antriebsstrang. Die Relevanz von Subsystemen, physikalischen Effekten sowie dominanten Transferpfaden ist mithilfe der bekannten Methoden aus dem PKW-Bereich nicht ohne unwirtschaftlichen Aufwand zu ermitteln. Vor dem Hintergrund einer Gesamtsystembetrachtung und der damit verbundenen Beherrschung einer hohen Komponentenzahl bedarf es einer effizienten Simulationsmethodik, die bei einer hohen zu erwartenden Modellgröße die maßgeblichen Komponenten und Effekte hinsichtlich des NVH-Verhaltens umfasst. Dies beinhaltet bspw. die Identifikation relevanter Transferpfade und die Untersuchung des Einflusses der nichtlinearen Änderung der Strukturdynamik durch das Schwenkverhalten der Hydrostaten und dessen Relevanz auf das Systemverhalten. Die maßgeblichen Einflussgrößen und somit der notwendige Modellumfang ist durch messtechnische Voruntersuchungen oder durch den Vergleich von Modellvarianten zu ermitteln.

Zudem bedarf es zur Beherrschung der oben beschriebenen wachsenden Modellgrößen und zur effizienten, produktiven Nutzung von NVH-Systemmodellen im PEP geeigneter Analysemethoden, um Schwachstellen im komplexen Übertragungsverhalten der Systemstruktur zielgerichtet identifizieren zu können. Hierfür ist die Entwicklung effizienter Methoden erforderlich, die auch für hohe Systemgrößen und unter Berücksichtigung von transientem Systemverhalten und weiten Betriebsbereichen eine zielgerichtete Identifikation von Schwachstellen im komplexen Systemverhalten ermöglichen und somit das Ableiten von Optimierungsmaßnahmen auf Systemebene erlauben.

3.2 Forschungsfrage und Zielsetzung

Aus dem Forschungsbedarf wird die zentrale Forschungsfrage dieser Arbeit abgeleitet:

Wie lässt sich der durch Hydrostatanregungen verursachte Körper- und Luftschall von Traktoren mit hydrostatisch-mechanischem LVG in der Systemsimulation über einen weiten Frequenz- und Betriebsbereich effizient vorhersagen und zielgerichtet optimieren?

Hieraus ergeben sich weitere Unterfragen:

- *Wie kann im Speziellen das nichtlineare Anregungsverhalten des geschlossenen hydrostatischen Getriebes effizient innerhalb einer strukturdynamischen Systemsimulation zur Berücksichtigung transienter Effekte abgebildet werden?*
- *Welche Methode eignet sich für eine recheneffiziente und zielgerichtete Analyse und Optimierung der Schalltransferpfade auf Basis von NVH-Systemmodellen?*

Ziel dieser Arbeit ist die Entwicklung einer validierten Modellierungsmethodik zur Prognose des durch Hydrostatanregungen verursachten Flüssigkeits-, Körper- und Luftschallverhaltens über einen weiten Betriebs- und Frequenzbereich. Basierend auf konstruktiven Parametern soll der Ansatz während der Produktentwicklung die Möglichkeit bieten, Schwachstellen frühzeitig zu identifizieren und Konstruktionsvarianten hinsichtlich des NVH-Verhaltens ganzheitlich bewerten zu können. Zur zielgerichteten Identifikation von Schwachstellen im vibroakustischen Transferverhalten sollen unter Berücksichtigung des transienten Systemverhaltens effiziente Analysemethoden für NVH-Systemmodelle entwickelt werden.

3.3 Forschungshypothesen

Zur Zielerreichung wird davon ausgegangen, dass auf bekannten NVH-Modellierungsmethodiken aus dem PKW-Bereich, vgl. [JDM+19, WEG17, RKW+15], aufgebaut werden kann. Diese sind insbesondere um eine Methode zur effizienten Einbindung der hydrostatischen Anregungskräfte zu erweitern sowie hinsichtlich der zu ermittelnden relevanten Transferpfade des Traktors anzupassen. Entsprechend der maschinenakustischen Schallentstehungskette kann das Gesamtsystemverhalten des Getriebes bestehend aus Anregungs-, Übertragungs- und Abstrahlverhalten modelliert werden.

Zentrales Element zur Realisierung eines effizienten NVH-Systemmodells stellt die EMKS dar. Die genannten Vorarbeiten zeigen, dass die EMKS die effiziente Berechnung der Strukturdynamik großer, flexibler Strukturen sowie multi-physikalischer Effekte ermöglicht. Gleichzeitig erlaubt sie die Berücksichtigung nichtlinearer Kraft- und Verbindungselemente zur Untersuchung variabler Betriebspunkte im Zeitbereich und somit die Berechnung transienter Hochläufe auf Systemebene.

Zur effizienten Berücksichtigung der hydrostatischen Anregungen wird davon ausgegangen, dass diese mit einem eindimensionalen Fluidsimulationsansatz vorberechnet und unter Berücksichtigung der Hydrostatkinematik mit einem zu entwickelnden nutzerspezifischen Kraftelement kennfeldbasiert in die EMKS eingebunden werden können. Vorarbeiten wie [JDS+20, WEG17] zeigen die erfolgreiche Anwendung des Kennfeldansatzes zur Berücksichtigung der Kraftanregung elektrischer Maschinen in der Systemsimulation. Die effiziente Berechnung der Druckpulsationen hydrostatischer Kolbeneinheiten mittels einer eindimensionalen Fluidsimulation ist in [SCH17] gezeigt und validiert. Im Gegensatz zu den Ansätzen in [BAU19] oder [SCH17], in denen nur Teile des hydrostatischen Systems betrachtet oder physikalisch modelliert werden, wird durch die Erweiterung der Systemgrenze auf das gesamte geschlossene hydrostatische Getriebe sowie der Betrachtung im Zeitbereich die Modellierung des rückwirkungsbehafteten und betriebspunktabhängigen Pulsationsverhaltens unter Berücksichtigung des nichtlinearen Übertragungsverhalten des Leitungssystems ermöglicht. Durch die gemeinsame Betrachtung der gekoppelten Hydrostaten erfolgt eine Überlagerung der Anregungen, wodurch Modulationseffekte berücksichtigt werden können. Die Berechnung der Druck- und Volumenstromschwankungen sowie Resonanzeffekte des Leitungssystems werden durch eine detaillierte Abbildung der Pumpenkinematik, des Umsteuervorgangs und der Kanalgeometrie ermöglicht.

Die Entwicklung zielgerichteter Auswertemethoden für NVH-Systemmodelle wird auf Basis der im Bereich der Messtechnik bekannten TPA-Methoden ermöglicht, die zur Anwendung auf numerische Modelle übertragen werden. Es wird davon ausgegangen, dass durch Anwendung von TPA-Methoden mit direkter Kraftermittlung und durch die Berücksichtigung sowohl translatorischer als auch rotatorischer Freiheitsgrade eine hohe Genauigkeit und Effizienz erzielt werden kann. Zusätzlich wird durch die Entwicklung einer NTPA-Methode, die auf der komponentenbasierten Blocked-Force Methode, vgl. Kapitel 2.1.3, basiert und bei der die Bestimmung der Betriebskräfte nur anhand des Subsystems A erfolgt, eine deutliche Reduktion der Rechenzeit gegenüber dem Referenzmodell, welches das Gesamtsystem AB umfasst, erwartet, was für die entwicklungsbegleitende Anwendung Zeitersparnisse und schnellere Optimierungszyklen ermöglicht.

3.4 Lösungsweg

Die Entwicklung der Modellierungsmethodik erfolgt auf Basis eines Referenztraktors mit hydrostatisch-mechanischem LVG. Zur Modellbildung liegen Fahrzeugdaten in Form von Konstruktionsparametern, CAD-Daten, Werkstoffdaten sowie Betriebsparametern vor. Zur Gewährleistung einer validen Methodik wird neben numerischen Arbeiten der Abgleich mit messtechnischen Untersuchungen durchgeführt. Hierzu werden reproduzierbare Prüfstandsmessungen am Gesamtfahrzeug, an Subsystemen und an Einzelkomponenten durchgeführt. Die Validierung erfolgt durch Abgleich von

Modenformen und Eigenfrequenzen aus Modalanalysen sowie von Flüssigkeits-, Körper- und Luftschall von Betriebsmessungen entlang dominanter Transferpfade. Neben der Validierung dienen die Messungen am Gesamtsystem zur Abschätzung des relevanten Frequenzbereichs, notwendiger Systemgrenzen und relevanter Transferpfade und somit zur Definition des notwendigen Modellumfangs.

Zur Beschreibung des Anregungs-, Übertragungs- und Abstrahlverhaltens wird ein Systemmodell entwickelt, das die Domänen der Fluiddynamik, Strukturdynamik und Akustik umfasst. In Abbildung 4 sind die Domänen sowie der notwendige Umfang des Systemmodells skizziert, der aus der Betrachtung der Transferpfade von der Anregungsquelle bis zum Luftschall am Empfänger abgeleitet wird.

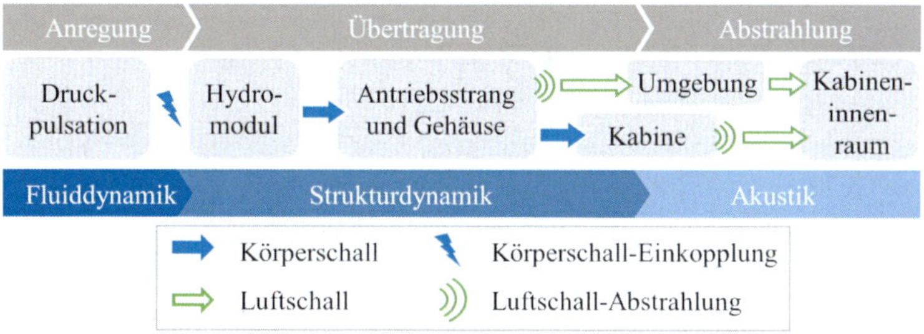

Abbildung 4: Umfang und Domänen des Systemmodells

Das Systemmodell umfasst die Beschreibung der aus dem nichtlinearen Pulsationsverhalten resultierenden Anregungskräfte, der Strukturdynamik sämtlicher in den dominanten Transferpfaden liegenden Subsysteme, wie die der hydrostatischen Einheiten (Hydromodul), des Antriebsstrangs, der Gehäusestruktur mit relevanten Anbauten, der Kabinenaufhängung, des Kabinenrahmens sowie sämtlicher Kopplungen zwischen den Subsystemen, wie Wälzlager, Kupplungen und Elastomerelemente, sowie des Abstrahlverhaltens und des Transferverhaltens der Kabine.

Unter Nutzung des entwickelten Systemmodells und der zielgerichteten Analysemethoden wird die modellbasierte NVH-Optimierung des Referenzsystems innerhalb eines PEP demonstriert und die Wirksamkeit im Rahmen von Validierungsmessungen mit einem optimierten Prototypengetriebe aufgezeigt.

Das Vorgehen und der Aufbau der Arbeit ist mit Kapitelverweisen in Abbildung 5 zusammengefasst. Nach einer Vorstellung des Referenzfahrzeugs in **Kapitel 4.1** werden in **Kapitel 4.2** die Ergebnisse messtechnischer Untersuchungen am Gesamtfahrzeug sowie an relevanten Subsystemen und Einzelkomponenten gezeigt. In **Kapitel 4.3** wird die im Rahmen dieser Arbeit entwickelte Modellierungsmethodik beschrieben. Zunächst wird in **Kapitel 4.3.1** ein Überblick des Gesamtansatzes und der sich hieraus abgeleiteten Schnittstellen und Randbedingungen der nachfolgend beschriebenen Teilbzw. Submodelle gegeben. In **Kapitel 4.3.2** erfolgt die Beschreibung des entwickelten fluiddynamischen Modells zur Abbildung des nichtlinearen Anregungsverhaltens des hydrostatischen Getriebes sowie der entwickelten Schnittstelle zur Einbindung der hydrostatischen Anregungskräfte in die EMKS. In **Kapitel 4.3.3** wird das strukturdynamische Modell beschrieben. Anschließend erfolgt in **Kapitel 4.3.4** die Vorstellung des Abstrahlungsmodells mit einer entwickelten durchgängigen Schnittstelle zum strukturdynamischen Modell. In **Kapitel 4.3.5** wird die Kopplung mit messtechnisch ermittelten Transferpfaden zur Einbindung vibroakustischer Kabineneigenschaften beschrieben. In **Kapitel 4.4** wird die Validierung der entwickelten Submodelle und des Gesamtmodells für den Flüssigkeitsschall, den Körperschall und der Strukturdynamik, sowie für den Luftschall dargelegt. Anschließend wird in **Kapitel 4.5** die Entwicklung TPA-basierter Analysemethoden für NVH-Systemmodelle sowie deren Anwendung und Gegenüberstellung gezeigt. In **Kapitel 5** wird die Verwertbarkeit der Ergebnisse durch Anwendung der entwickelten Methoden zur entwicklungsbegleitenden NVH-Optimierung demonstriert und eine Verallgemeinerung der Methoden aufgezeigt. Abschließend werden in **Kapitel 6** die Ergebnisse zusammengefasst und ein Ausblick zu möglichen, auf den Ergebnissen aufbauenden Forschungsbedarfen gegeben.

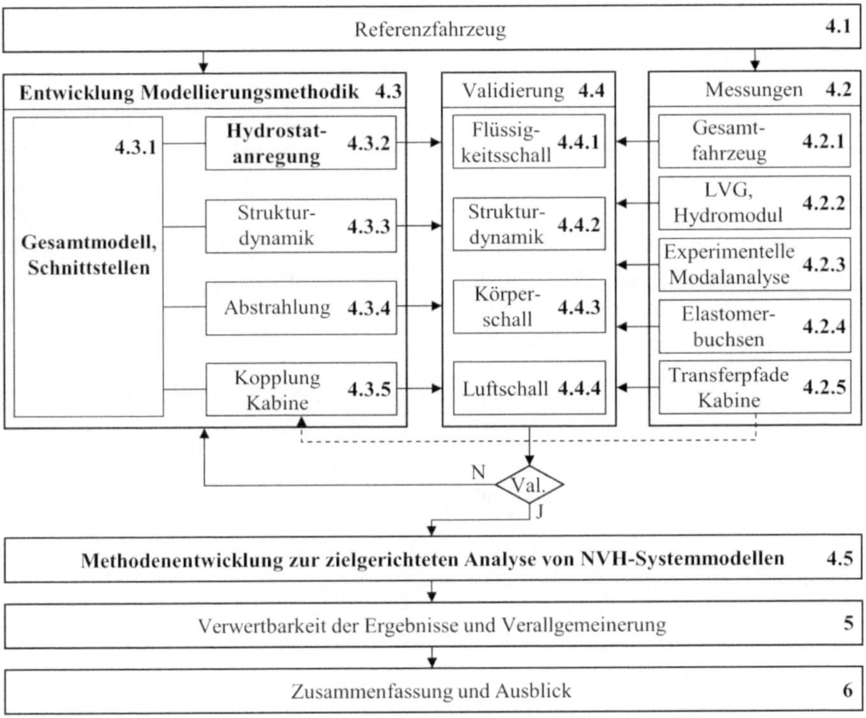

Abbildung 5: Vorgehen und Aufbau der Arbeit

4 Forschungsergebnisse

4.1 Forschungsgegenstand

Die Entwicklung der Modellierungsmethodik erfolgt auf Basis eines Referenztraktors mittlerer Leistungsklasse des Typs CLAAS ARION 530 mit stufenlosem hydrostatisch-mechanischem LVG. Das Fahrzeug weist eine Maximalleistung von 107 kW, eine Maximalgeschwindigkeit von 50 km/h und ein Gesamtgewicht von 6500 kg auf.

4.1.1 Referenzfahrzeug

Das Fahrgestell des Referenzfahrzeugs ist in rahmenloser Blockbauweise ausgeführt. Motorblock, LVG- und Hinterachsgehäuse sind hierbei direkt über Flanschverbindung miteinander verschraubt und bilden eine selbsttragende Einheit zur Aufnahme sämtlicher Antriebs- und Strukturlasten [BDE+61]. Das Fahrgestell mit den maßgeblichen Komponenten des Antriebsstrangs ist in Abbildung 6 gezeigt. Anbauten wie Kühler, Abgasnachbehandlungssystem, Tank sowie Schlauch- und Rohrleitungen sind nicht dargestellt.

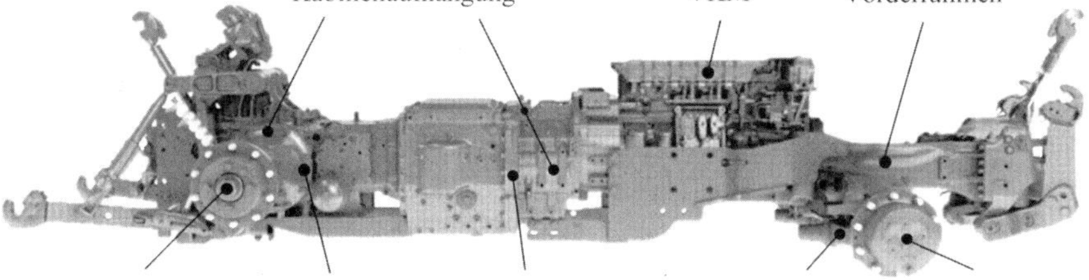

Abbildung 6: Fahrgestell des Referenzfahrzeugs [CLA21]

Der Antriebsstrang umfasst eine Vierzylinder-VKM, ein hydrostatisch-mechanisches LVG, ein Hinterachsgetriebe sowie eine Vorderachse. Die Leistung der VKM wird im LVG zunächst auf mehrere Zweige aufgeteilt, teilweise gewandelt und anschließend wieder zusammengeführt. Das an das LVG anschließende Hinterachsgetriebe beinhaltet konstante mechanische Übersetzungsglieder und ein Differential, das die Leistung auf die beiden Hinterräder aufteilt. Über eine Allradkupplung wird die Zuschaltung des Abtriebs über die Vorderachse ermöglicht.

Die Kabine ist elastisch an das LVG- und Hinterachsgehäuse angebunden. Das Aufhängungssystem bilden vier Feder-Dämpfer-Elemente bzw. Federbeine, je zwei Quer- und Längslenker sowie ein beidseitig befestigter Stabilisatorbügel. Insgesamt ergeben sich zehn gehäuse- und kabinenseitige Aufhängepunkte. Jedes Aufhängungselement ist beidseitig über Elastomerbuchsen mit der Gehäuseanbindung bzw. dem Kabinenrahmen, der Tragstruktur der Kabine, verbunden. Der Aufbau ist in Abbildung 7 dargestellt.

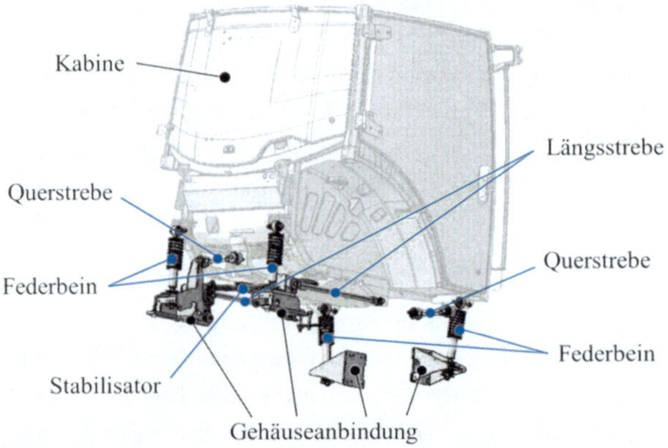

Abbildung 7: Kabine und Aufhängungssystem, nach [PJH+19]

4.1.2 Hydrostatisch-mechanisches Leistungsverzweigungsgetriebe

In dem Referenzfahrzeug kommt das von der Firma CLAAS INDUSTRIETECHNIK entwickelte und produzierte Stufenlosgetriebe „EQ200" zum Einsatz [CLA21]. Es handelt sich um ein hydrostatisch-mechanisches LVG mit Strukturumschaltung, was den Wechsel zwischen zwei Fahrbereichen ermöglicht. Der Räderplan ist in Abbildung 8 gezeigt.

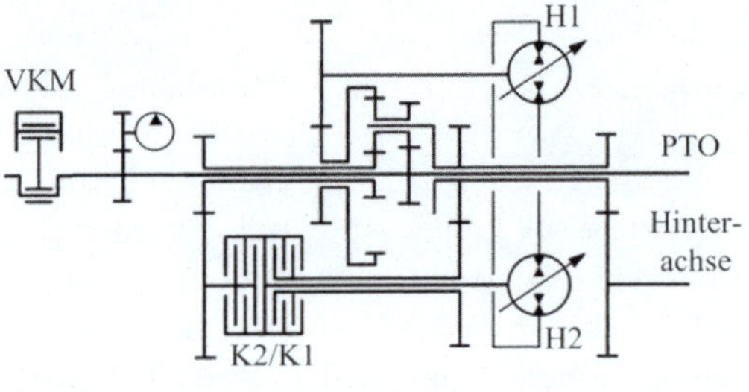

Abbildung 8: Räderplan des LVG „EQ200", nach [RK13]

Zentrales Element des mechanischen Antriebsstrangs stellt das Doppelplanetengetriebe mit zwei Sonnenwellen, Stufenplaneten, Steg und Hohlrad dar. Die Leistung der VKM wird über die erste Sonnenwelle ins Getriebe geleitet und über den Steg zur Hinterachse geführt. Die Zapfwelle für Anbaugeräte, auch power take-off (PTO) genannt, ist fest mit der Motorwelle gekoppelt. Der hydrostatische Variator wird durch zwei separat verstellbare Axialkolbeneinheiten in Schrägachsenbauweise (Hydrostat H1 und H2) gebildet, die je nach Betriebszustand als Pumpe oder Motor arbeiten. Das Getriebe verfügt über zwei Lamellenkupplungen (K2/K1), die abwechselnd geschaltet werden können. Im ersten Fahrbereich (FB1) ist die Kupplung K1 geschlossen und das Getriebe arbeitet ausgangsgekoppelt. In Abbildung 9 ist der Leistungsfluss schematisch dargestellt. Zur einfachen Veranschaulichung wird die Darstellung nach WOLF mit den Erweiterungen für Planetengetriebe verwendet, vgl. [FÖR96, WOL58].

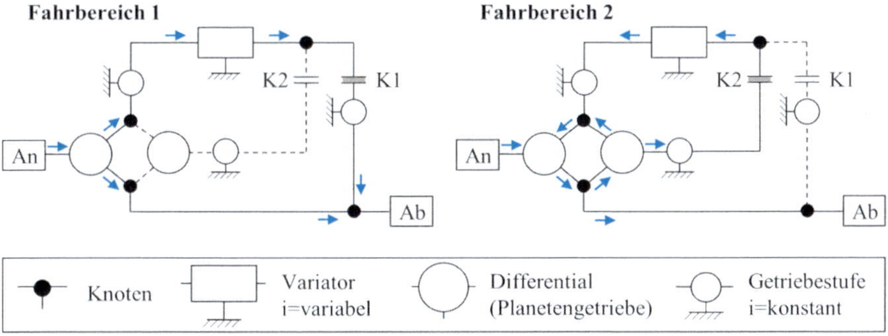

Abbildung 9: Leistungsfluss im FB1 (links) und FB2 (rechts)

Das Doppelplanetengetriebe ist in der Darstellung nach WOLF als zwei einzelne Planetengetriebe mit zwei verbundenen Koppelwellen dargestellt. Die obere Koppelwelle repräsentiert das Hohlrad, die untere Koppelwelle den Steg. Die Antriebswelle der VKM stellt die Sonnenwelle des linken Planetengetriebes dar. Die Sonnenwelle des rechten Planetengetriebes ist über eine Stirnradstufe mit der Kupplung K2 verbunden. In FB1, Abbildung 9 links, kann durch die geöffnete Kupplung K2 die rechte Sonnenwelle kein Moment abstützen, wodurch das rechte Planetengetriebe lastfrei ist. Es liegt eine ausgangsgekoppelte Getriebestruktur vor. Im zweiten Fahrbereich (FB2) ist die Kupplung K2 geschlossen und K1 geöffnet, Abbildung 9 rechts. Durch diese Verschaltung ergibt sich eine Compound-Struktur, bei der der Abtrieb über den gemeinsamen Steg erfolgt. Im Vergleich zum FB1 kehrt sich der Leistungsfluss im Variator und dadurch die Betriebsarten der beiden hydrostatischen Einheiten um. Die Strukturumschaltung und somit der Wechsel zwischen FB1 und FB2 erfolgt in einem Synchronpunkt der Kupplungswellen. In diesem Betriebspunkt, dem sogenannten Schaltpunkt, laufen beide Kupplungswellen lastfrei unter gleicher Drehzahl um, wodurch das Schalten der Kupplung K1/K2 ohne Unterbrechung der Zugkraft und ruckfrei erfolgt.

Der hydrostatische Variator hat den Aufbau eines geschlossenen hydrostatischen Getriebes mit Pumpe und Motor. Die Übersetzung von Pumpen- und Motordrehzahl und somit auch die Gesamtübersetzung des Getriebes werden über die Schluckvolumina der Einheiten festgelegt. Anstelle der Getriebeübersetzung i_{ges} wird in der Fahrzeugtechnik auch häufig die (Getriebe-) Ratio R verwendet, die eine zur Fahrzeuggeschwindigkeit proportionale Größe darstellt [MUT09]:

$$R = \frac{1}{i_{ges}} = \frac{n_{ab}}{n_{an}} \tag{14}$$

Das Schluckvolumen der Schrägachseinheiten V wird in Abhängigkeit des Schwenkwinkels α sowie dem maximalen Schluckvolumen V_{max} bei maximalem Schwenkwinkel α_{max} gemäß Gl. (15) berechnet.

$$V = V_{max} \frac{\sin \alpha}{\sin \alpha_{max}} \tag{15}$$

Der Schwenkwinkelverlauf der hydrostatischen Einheiten H1 und H2 und die sich daraus bei einer konstanten VKM-Drehzahl ergebenen Drehzahlverläufe sind qualitativ in Abbildung 10 über der Getrieberatio dargestellt.

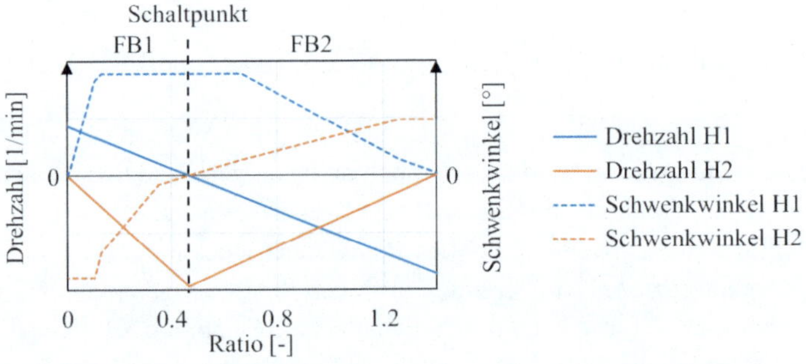

Abbildung 10: Schwenkwinkel und Drehzahlverlauf der Hydrostaten

Im Zugbetrieb in FB1 arbeiten H1 als Pumpe und H2 als Motor. Im Stillstand (R = 0) steht der Motor (H2) still und ist voll ausgeschwenkt, während die Pumpe (H1) in Nullstellung lastfrei umläuft. Durch Ausschwenken von H1 und anschließendem Zurückschwenken von H2 wird die Drehzahl des Hydromotors und damit die Abtriebsdrehzahl erhöht bis rein mechanischer Durchtrieb vorliegt. In diesem Betriebszustand, dem Schaltpunkt, schaltet K2/K1 und der Leistungsfluss im Getriebe ändert sich wie in Abbildung 9 beschrieben. Dabei wird H2 zur Pumpe und H1 zum Motor. Durch

Ausschwenken von H2 und Zurückschwenken von H1 wird die Hydromotordrehzahl erhöht, bis wieder rein mechanischer Durchtrieb vorliegt.

Der Aufbau des hydrostatischen Variators, der auch als Hydromodul bezeichnet wird, ist in Abbildung 11 dargestellt. Bei den Hydrostaten handelt es sich um 45° Weitwinkeleinheiten in Schrägachsbauweise [REN19]. Beide Einheiten verfügen über neun Kolben. Das maximale Schluckvolumen der H2 ist etwa 50 % größer als das der H1. Um ein variables Schluckvolumen zu ermöglichen, sind die Kolbentrommeln in sogenannten Schwenkgehäusen geführt. Die Verschwenkung der Einheiten wird über zwei Stellsysteme realisiert, die die Schwenkwinkel mittels eines hydrostatisch-mechanischen Reglers auf einen vorgegebenen Sollwert regeln. Beide Schwenkgehäuse sind schwenkbar in einem Verbindungsstück, der sogenannten Hydrobrücke, gelagert. Die Hydrobrücke ist über vier Elastomerbuchsen, in Abbildung 11 mit 1 bis 4 nummeriert, elastisch im LVG-Gehäuse gelagert.

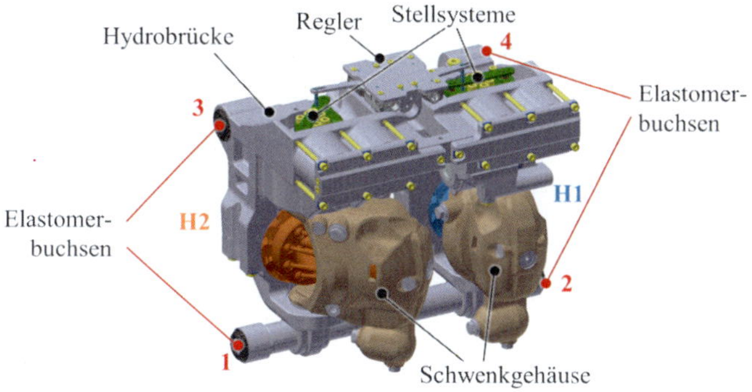

Abbildung 11: Aufbau des Hydromoduls und Nummerierung der Elastomerbuchsen

Die hydraulische Verbindung der beiden Einheiten erfolgt über Hydraulikleitungen, die in der Gussstruktur durch Hohlräume gebildet werden. Das Öl gelangt von den Steuerscheiben der Einheiten in die Leitungen der Schwenkgehäuse und wird über eine Drehdurchführung in die Verbindungsleitung der Hydrobrücke geführt. An der Verbindungsleitung sind über weitere Abzweigungen die zur sicheren Funktionserfüllung erforderlichen Speise-, Spül- und Druckbegrenzungssysteme angeschlossen. In Abbildung 12 links ist der in der Gussbaugruppe vorhandene Hohlraum, der die Hydraulikleitungen bildet, zusammen mit den Kolbentrommeln, Kolben und Steuerscheiben der Hydrostaten gezeigt. In Abbildung 12 rechts ist das System als hydraulisches Ersatzschaltbild dargestellt.

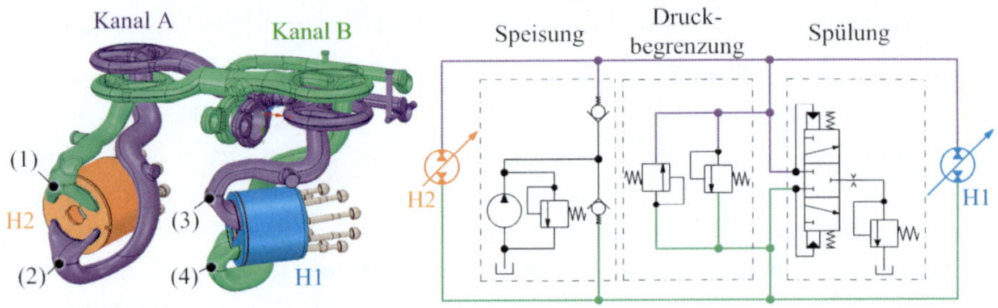

Abbildung 12: 3D Modell des hydrostatischen Variators (links), hydraulisches Ersatzschaltbild (rechts)

Bei Vorwärtsfahrt im Zugbetrieb herrscht in Kanal A Hochdruck und Kanal B Niederdruck. Der Niederdruck wird durch das Speisesystem auf 25 bar vorgespannt. Der Druck in Kanal A hängt von den anliegenden Lasten an den Hydrostaten ab. Der maximale Systemdruck wird durch das maximale Moment der VKM und bei niedrigen Geschwindigkeiten durch das Druckbegrenzungssystem begrenzt. Der sich maximal einstellende Druck bei Volllast ist qualitativ in Abbildung 13 gezeigt.

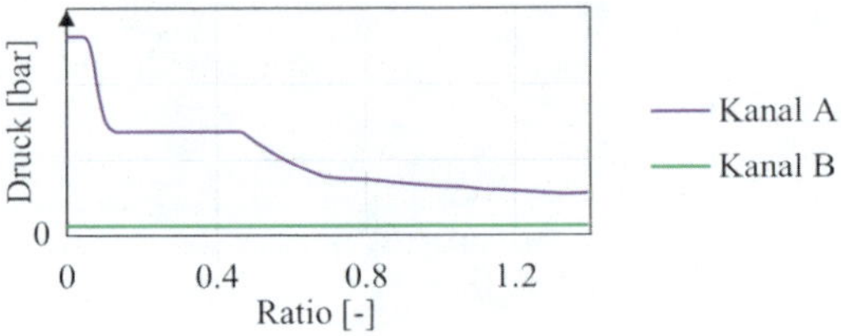

Abbildung 13: Druck in den Ölkanälen bei Zugbetrieb unter Volllast

Das über der Ratio variierende Druckniveau hat Auswirkungen auf die Fluideigenschaften wie Kompressionsmodul, Dichte und somit nach Gl. (4) auf die Schallgeschwindigkeit.

Das Anregungsverhalten der hydrostatischen Einheiten ist stark betriebspunktabhängig. Die Hauptanregungsordnungen der Hydrostaten berechnen sich nach Gl. (3) aus der Kolbenanzahl und dem in Abbildung 10 gezeigten Drehzahlverlauf. Da es sich um Einheiten mit neun Kolben handelt, entspricht die Grundanregungsfrequenz der neunfachen Drehfrequenz der Welle, Gl. (3). Die kompressionsbedingte Pulsation entspricht weniger einer sinusförmigen, sondern eher einer impulsförmigen Anregung. Durch die Zwangserregung bilden sich nicht nur Schwingungen mit der Grundanregungsfrequenz, sondern auch mit deren Vielfachen, den sogenannten Harmonischen, aus [LR88]. Aus diesem Grund treten neben Anregungen mit der einfachen Kolbenordnung, also der Kolbenfrequenz, auch Anregungen mit der zweiten, dritten und weiteren Kolbenordnungen auf. In Abbildung 14 sind die für eine VKM-Drehzahl von

1900 1/min aus dem Drehzahlverlauf, vgl. Abbildung 10, abgeleiteten Hauptanregungsordnungen gezeigt, wobei exemplarisch die ersten drei Ordnungen dargestellt sind.

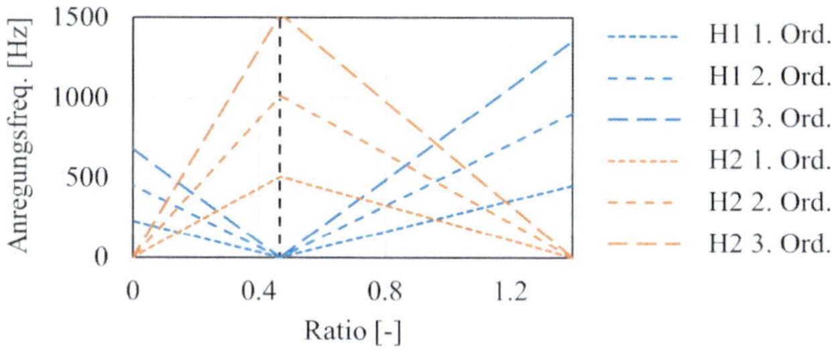

Abbildung 14: Hauptanregungsordnungen der Hydrostaten

4.2 Messtechnische Untersuchungen

Die Ergebnisse der messtechnischen Untersuchungen bilden die Grundlage zur Entwicklung und Validierung der Modellierungsmethoden sowie zur Ermittlung relevanter Parameter. In Tabelle 1 sind die durchgeführten Messungen und deren Ziele zusammengefasst.

System	Durchführung	Messgröße	Ziel, Verwendung
Gesamtfahrzeug	Hochläufe	Beschleunigung, Schalldruck	Systemcharakterisierung (Identifikation relevanter Transferpfade, Betriebs- und Frequenzbereiche), Validierung Gesamtsystem
LVG	Hochläufe	Beschleunigung, Schalldruck, Fluiddruck	Validierung Subsysteme
Strukturbauteile, Baugruppen	Modalanalyse	Kraft, Beschleunigung	Validierung Komponenten, Baugruppen
Elastomerbuchsen	Shakeranregung	Kraft, Beschleunigung	Parameterermittlung
Kabine	Hammer-, Lautsprecheranregung	Kraft, Beschleunigung, Schalldruck	FRF-Ermittlung

Tabelle 1: Übersicht der messtechnischen Untersuchungen

4.2.1 Gesamtfahrzeug

Die Messungen am Gesamtfahrzeug dienen zur akustischen Charakterisierung sowie zur Validierung des Gesamtsystemmodells. Ziel der akustischen Charakterisierung ist die Identifikation dominanter Anregungen und Transferpfade sowie relevanter Betriebs- und Frequenzbereiche. Hierzu wurden Betriebsmessungen am Gesamtfahrzeug unter reproduzierbaren Bedingungen auf einem Rollenprüfstand in einem Halbfreifeldraum durchgeführt, gezeigt in Abbildung 15.

Abbildung 15: Fahrzeugmessung auf Rollen-Prüfstand in Halbfreifeldraum

Der Rollenprüfstand ermöglicht den Betrieb des Antriebsstrangs unter Last über einen weiten Bereich der Fahrgeschwindigkeit. Die Lastaufprägung erfolgt über die Rolle an der Hinterachse, während die Vorderachse durch die geöffnete Allradkupplung lastfrei geschaltet ist. Zur Verringerung von Abrollgeräuschen und Reifenanregungen und zur Erhöhung des übertragbaren Bremsmoments werden an der Hinterachse Mobilkranreifen mit geringer Reifenprofilhöhe genutzt. Die Versuche werden unter Volllast durchgeführt, da hierbei maximale Getriebeanregungen und somit maximale Schallpegel auftreten. Bei konstant eingestellten VKM-Drehzahlen wird die Abtriebsdrehzahl durch Vorgabe der Rollendrehzahl entlang linearer Drehzahlrampen variiert, siehe Abbildung 16 links.

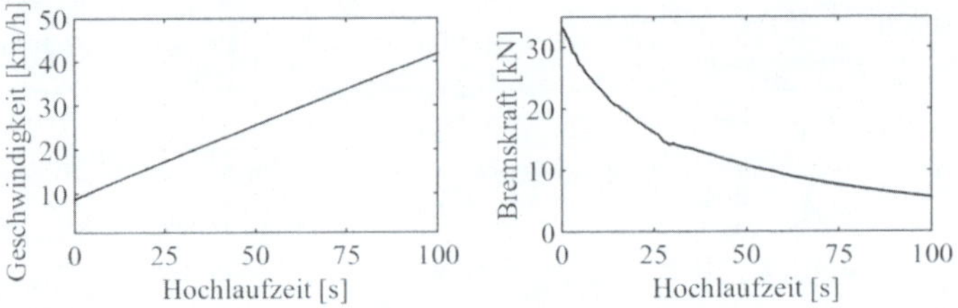

Abbildung 16: Volllast-Hochlauf: Fahrgeschwindigkeit (links), Bremskraft (rechts)

Die sich unter VKM-Volllast einstellende Bremskraft ist in Abbildung 16 rechts dargestellt. Der Fahrgeschwindigkeitsbereich unter Volllast ist nach unten hin durch das maximal übertragbare Abtriebsmoment im Reifen-Rollen-Kontakt und nach oben hin durch den Fahrregler begrenzt. Die Dauer eines Drehzahlhochlaufs ist auf etwa 100 s festgelegt. Die durchgeführten Messungen weisen mit Abweichungen im Schalldruckpegel am Fahrerohr von maximal 1 dB eine hohe Reproduzierbarkeit auf.

Die Messdatenerfassung erfolgte mit einem PAK MKII Messgerät der Firma MÜLLER-BBM mit 72 Messkanälen. Zur Luftschallmessung wurden Messmikrofone der Typen PCB-378B02, ROGA MP40/PA-01und B&K 4188-A-021 und zur Körperschallmessung triaxiale Beschleunigungsaufnehmer der Typen PCB-356A15 und PCB-356A03 verwendet. Zwei Messmikrofone wurden am Fahrerohr, drei zwischen Antriebsstranggehäuse und Kabine sowie fünf um das Fahrzeug herum positioniert. Die Beschleunigungsaufnehmer wurden entlang möglicher Körperschall-Transferpfade von den Hydrostaten bis zur Kabine angebracht: auf dem Hydromodul, aktiv- und passivseitig an den vier Lagerstellen des Hydromoduls, aktiv- und passivseitig an den zehn Lagerstellen der Kabine sowie auf den Oberflächen des Antriebsstranggehäuses. Die Signalaufzeichnung erfolgte mit einer Abtastrate von 16384 Hz.

Der bei einem Hochlauf mit einer VKM-Drehzahl von 1900 1/min am linken Fahrerohr gemessene Schalldruckpegel (engl. sound pressure level, kurz SPL) ist in Abbildung 17 in Form eines Spektrogramms über der Ratio und der Frequenz dargestellt. Zur Berücksichtigung des menschlichen Hörempfindens, insbesondere dem frequenzabhängigen Lautstärkeempfinden, werden Frequenzbewertungskurven, vorzugsweise die A-Bewertung, eingesetzt, vgl. [KAS06]. Vor dem Hintergrund der Auswirkung am Fahrerohr werden daher die Schallgrößen im Folgenden A-bewertet dargestellt.

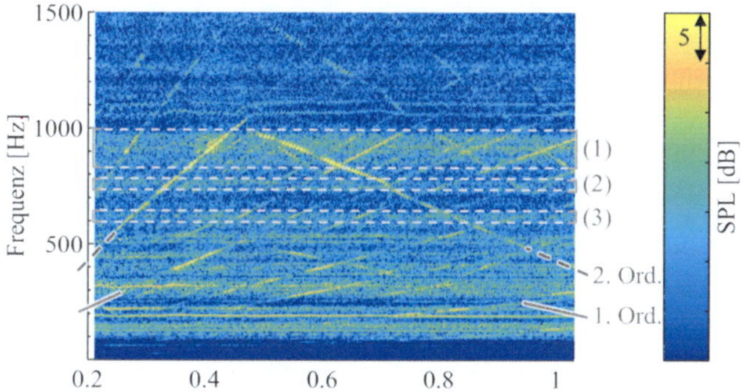

Abbildung 17: Spektrogramm des SPL am linken Fahrerohr für einen Hochlauf

In dem gemessenen Ratio-Bereich dominieren die Anregungsordnungen der H2, insbesondere die zweite Ordnung, vgl. Abbildung 14. Die scharfe Änderung des zunächst steigenden und ab dem Schaltpunkt fallenden Frequenzverlaufs der Anregungsordnung sind am Fahrerohr deutlich wahrnehmbar. Dieser für die meisten Antriebssysteme untypische Verlauf der Anregung sticht dominant hervor und entspricht nicht einer typischen akustischen Rückmeldung des Antriebsstrangs, nämlich einer proportional zum Geschwindigkeitshochlauf steigenden Frequenz. Die Umkehr im Frequenzverlauf im Schaltpunkt führt zu einer zusätzlichen Verstärkung der subjektiven Wahrnehmung der hydrostatischen Anregungen am Fahrerohr.

Die Ursache für die dominanteren Ordnungen der H2 gegenüber der Ordnungen der H1 liegen im größeren Schluckvolumen und insbesondere im höheren Drehzahlbereich der H2 in dem gezeigten Ratio-Bereich, vgl. Abbildung 10. Höhere Drehzahlen führen zu kürzeren Umsteuerzeiten und steileren Druckwechselvorgängen, die wiederrum zu stärkeren und impulsiveren Anregungen führen [KAU84]. Die Drehzahlen der H2 sind um den Schaltpunkt maximal, weshalb hier die höchsten Anregungen auftreten. Des Weiteren tritt die zweite Anregungsordnung der H2 deutlich stärker hervor als die erste. Dies liegt vor allem daran, dass pro Zylinderraum zwei Umsteuervorgänge und somit zwei impulshafte Anregungen pro Umdrehung stattfinden [KAU84]. Zusätzlich liegen die Anregungsfrequenzen der zweiten Anregungsordnung in einem für den Menschen empfindlicheren Hörbereich, was im Spektrogramm durch die A-Bewertung berücksichtigt wird.

Neben den Hydrostatordnungen sind im Spektrogramm weitere Anregungsordnungen erkennbar. Ursachen für konstante Anregungsordnungen sind die VKM und proportional zur VKM-Drehzahl betriebene hydraulische Pumpen und Hilfsaggregate. Die zur Abtriebsgeschwindigkeit proportionalen Ordnungen sind in Verzahnungsanregungen begründet. Diese weiteren Anregungsordnungen spielen jedoch im Vergleich zu den Hydrostatanregungen des LVG im Spektrogramm und auch im subjektiv wahrnehmbaren Geräuschbild eine untergeordnete Rolle. Auch bei Messungen mit weiteren VKM-Drehzahlen stellen die Hydrostaten des LVG die das Geräuschbild prägende Anregung dar.

Im Spektrogramm sind Frequenzbereiche erkennbar, in denen die Anregungsordnungen zusätzlich verstärkt werden, vgl. (1)-(3) in Abbildung 17. Diese Frequenzbereiche weisen auf resonantes Systemverhalten und somit auf eine hohe Relevanz der Schallübertragungswege für das akustische Verhalten hin. Ein Zusammenfall der zweiten Anregungsordnung der H2 mit diesen Frequenzbereichen führt zu deutlichen Pegelanstiegen, die auch im Gesamtpegel Überhöhungen von mehr als 6 dB verursachen, siehe Abbildung 18. Betriebspunktabhängige Pegelanstiege von 6 dB entsprechen einer

Verdopplung der Lautstärke und sind somit vom Fahrer deutlich wahrnehmbar. Insgesamt zeigt der Luftschall am Fahrerohr eine hohe Betriebspunktabhängigkeit der spektralen Zusammensetzung und des Gesamtpegels.

Die dominanten Geräuschpegel treten bis etwa 1000 Hz auf. Der akustisch relevante Frequenzbereich wird daher mit einem zusätzlichen Abstand auf den Frequenzbereich bis 1500 Hz festgelegt. In Abbildung 18 ist der Vergleich von Gesamt- und Bandpasspegel bis 1500 Hz dargestellt.

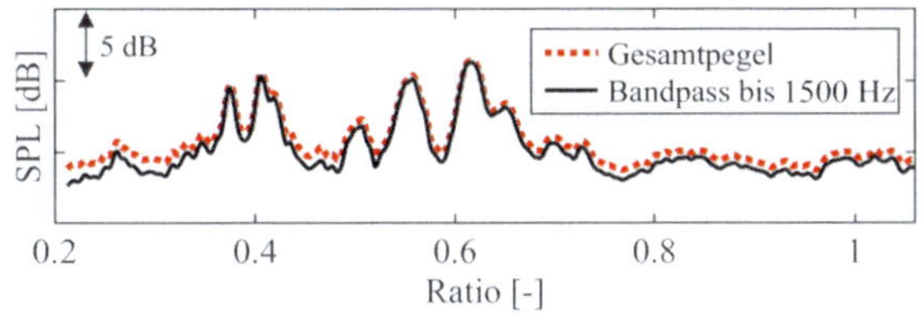

Abbildung 18: Gesamt- und Bandpasspegel des SPL am Fahrerohr bei einem Hochlauf

Die geringen Unterschiede in beiden Verläufen, insbesondere im Bereich der Überhöhungen, verdeutlichen, dass die Betrachtung im Folgenden auf den Frequenzbereich bis 1500 Hz begrenzt werden können.

Neben der Ermittlung der maßgeblichen Anregungen, Betriebs- und Frequenzbereiche werden Messungen zur Bestimmung dominanter Transferpfade durchgeführt. Der Schalldruck am Fahrerohr ergibt sich aus der Überlagerung von Anregung, Schallübertragung (Transferpfade) und Schallabstrahlung, dargestellt in Abbildung 19.

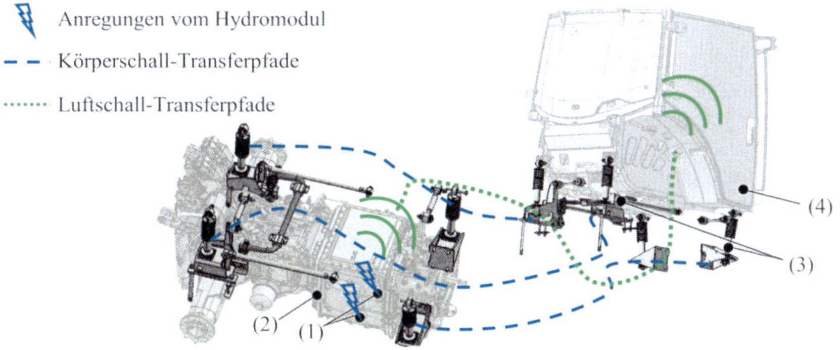

Abbildung 19: Schallausbreitung von den hydrostatischen Anregungen bis zum Fahrerohr, nach [PJH+19]

Die Anregungen der hydrostatischen Einheiten werden in Form von Körperschall über die Elastomerbuchsen (1), vgl. Abbildung 11, in das Antriebsstranggehäuse (2) und über die Kabinenaufhängung (3) in die Kabinenstruktur (4) eingetragen. An freien Oberflächen in der Kabine, wie etwa Fensterscheiben und Kabinenboden, wird der Schall in Form von Luftschall abgestrahlt. Zusätzlich strahlt das Getriebegehäuse selbst Luftschall in die Umgebung ab, der über primäre und sekundäre Luftschalltransferpfade in die Kabine gelangt [PBB+10]. Zur Bewertung der Relevanz der verschiedenen Transferpfade in die Kabine, wird eine OTPA, siehe Kapitel 2.1.3, durchgeführt, vgl. [PJH+19]. Als Indikatoren für den Körperschalleintrag werden zehn triaxiale Beschleunigungsaufnehmer des Typs PCB-356A15 an den Aufhängepunkten der Kabine und für den Luftschalleintrag drei Mikrofone des Typs ROGA MI-17 unterhalb der Kabine verwendet. Die Empfängerpunkte werden durch die Mikrofone am Fahrerohr dargestellt. Die Transmissibilitäten, die das Verhältnis aus Luft- und Körperschall an den Indikatorpunkten zu dem Luftschall an den Empfängerpunkten am Fahrerohr beschreiben, werden mithilfe von Betriebsmessdaten mehrerer Hochläufe bei unterschiedlichen VKM-Drehzahlen berechnet. Mithilfe der berechneten Transmissibilitäten erfolgt für einen weiteren Betriebsdatensatz die Aufschlüsselung des Luftschalls am Fahrerohr in die Körper- und Luftschallbeiträge, Abbildung 20.

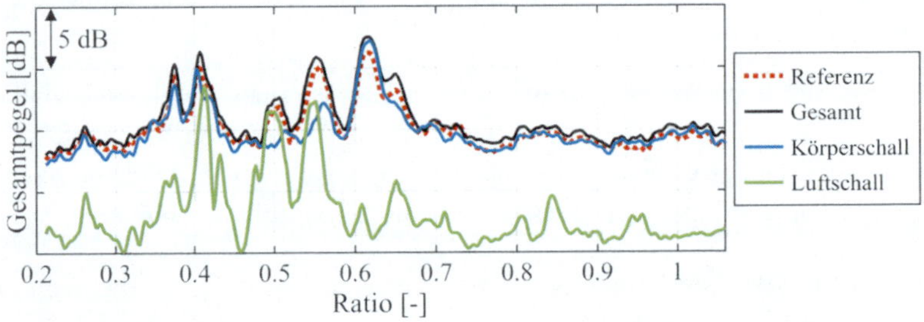

Abbildung 20: OTPA Syntheseergebnis zur Bewertung der Kabinentransferpfade

Zur Verifizierung der TPA Synthese ist der Gesamtpegel des Referenzsignals (rot) dem synthetisierten Gesamtsignal (schwarz) gegenübergestellt, die eine hohe Übereinstimmung über den gesamten Betriebsbereich zeigen. Dies deutet darauf hin, dass alle maßgeblichen Transferpfade mithilfe der gewählten Indikatorpunkte erfasst und dass weitere mögliche Transferpfade, wie elektronische Kabel und Schlauchleitungen, unkritisch sind.

Die Aufteilung in die Schallbeiträge zeigt, dass der Luftschall am Fahrerohr maßgeblich durch den eingetragenen Körperschall verursacht wird. In einigen Betriebspunkten, insbesondere bei einigen Überhöhungen im Gesamtpegel, sind auch die

Schallbeiträge der Luftschallpfade dominant. Über den gesamten Betriebsbereich betrachtet dominieren die Beiträge aus den Körperschalltransferpfaden, die bei der Prognose des Kabineninnenraumluftschalls zu berücksichtigen sind.

4.2.2 Leistungsverzweigungsgetriebe und Hydromodul

Neben den Messungen am Gesamtfahrzeug wurde das LVG auf einem Antriebsstrangprüfstand separat vermessen. Der Prüfstand ermöglicht den Betrieb des Getriebes unter Last über einen weiten Ratio-Bereich. Gegenüber der Fahrzeugmessung ist der Betrieb ohne weitere Anregungsquellen des Fahrzeugs, wie der VKM oder Hilfspumpen, und das Anfahren eines größeren Ratio-Bereichs unter Volllast möglich. Die Messungen dienen zur Validierung auf Subsystemebene. Neben Körper- und Luftschallmessungen wurden Messungen des Flüssigkeitsschalls im Hydromodul durchgeführt.

An- und Abtrieb erfolgt über geregelte E-Maschinen, wobei abtriebsseitig aufgrund der hohen Drehmomente im niedrigen Ratio-Bereich ein Untersetzungsgetriebe verwendet wird. Die Abstützung des LVG erfolgt über das Gehäuse des Untersetzungsgetriebes und eingangsseitig über einen Montagerahmen. Zur akustischen Abschirmung dienen schallabsorbierende Wände aus Dämmmaterial. Abbildung 21 zeigt den Aufbau des Getriebes und der installierten Beschleunigungssensoren. Im Vordergrund ist ein Messraster für Schallintensitätsmessungen erkennbar.

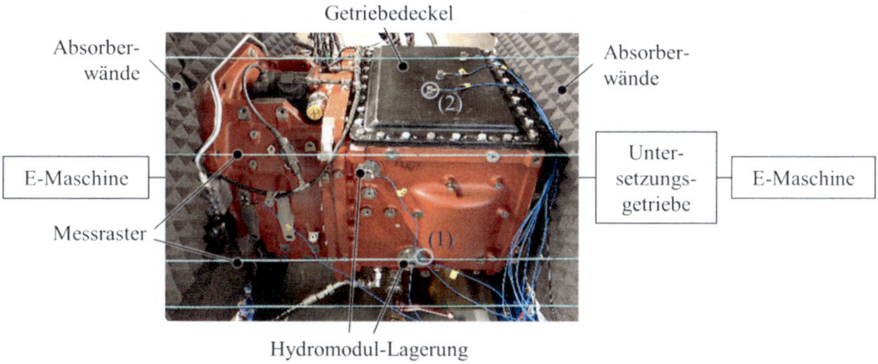

Abbildung 21: Prüfstandsaufbau der LVG Messung mit akustischer Abschirmung

Analog zu den Fahrzeugmessungen wurde bei konstanter Eingangsdrehzahl und Eingangsleistung die Abtriebsdrehzahl entlang linearer Drehzahlrampen variiert. Hierbei wurde der Flüssigkeitsschall im Hydromodul, der Körperschall auf dem Hydromodul-

und LVG-Gehäuse sowie der Luftschall um das Getriebe herum gemessen. Die Hochläufe erfolgten bei konstanter Maximallast des Getriebes, wobei der untere Ratio-Bereich durch das maximale Abtriebsmoment der E-Maschinen begrenzt ist.

Die Messung des Flüssigkeitsschalls erfolgte mithilfe von Miniatur-Drucksensoren des Typs KISTLER-601H, die in die Schwenkgehäuse eingebracht wurden. Die Messstellen befinden sich direkt hinter den Steuerscheiben beider Einheiten, jeweils im Hoch- und Niederdruckkanal, siehe Messstellen (1)-(4) in Abbildung 12. In Abbildung 22 ist der im Hochdruckkanal A hinter der Steuerscheibe der H2, Messstelle (2) in Abbildung 12, gemessene Flüssigkeitsschall dargestellt.

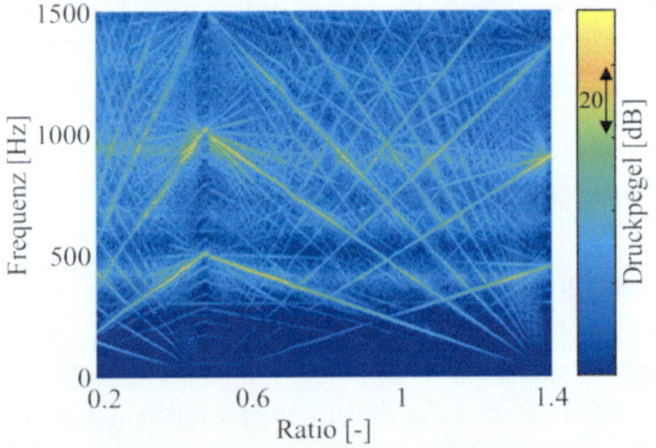

Abbildung 22: Spektrogramm des Druckpegels in Kanal A am Ausgang der H2

Neben den Hauptanregungsordnungen der Hydrostaten, vgl. Abbildung 14, sind im Spektrogramm zahlreiche Nebenbänder erkennbar, die strahlenförmig um die Hauptordnungen verlaufen. Hierbei handelt es sich um Modulationsordnungen, die durch die wechselseitige Beeinflussung der Anregungen beider Einheiten entstehen. Auf die Anregungsordnung der einen Einheit sind dabei die Anregungen der anderen Einheit aufmoduliert. Besonders deutlich sind die Modulationseffekte im Schaltpunkt und am oberen Ende des Ratio-Bereichs, an denen die niederfrequenten Anregungen der langsamer drehenden Einheit auf die Hauptordnung der schneller drehenden Einheit aufmoduliert sind. Diese ausgeprägten Modulationseffekte zeigen, dass das Anregungsverhalten einer Einheit von dem Pulsationsverhalten der anderen Einheit beeinflusst wird.

Zusätzlich sind im Spektrogramm horizontal verlaufende Resonanzbereiche erkennbar, wobei diese mit zunehmender Ratio in der Frequenz leicht abnehmen. Diese Frequenzabnahme ist in der Druckabnahme über der Ratio bei Volllast, siehe Abbildung 13, und der Druckabhängigkeit der Resonanzfrequenzen der Ölsäule, siehe Gl. (4) und (5), begründet.

In Abbildung 23 ist die am Gehäuse des Hydromoduls vor der Elastomerbuchse 1 (unten links), vgl. Abbildung 11, gemessene resultierende Beschleunigung gezeigt.

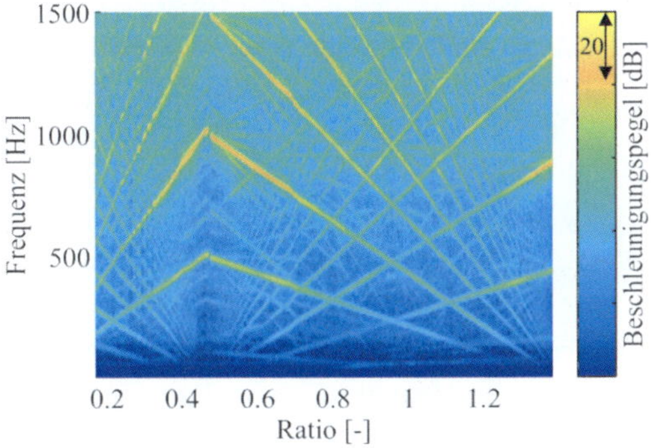

Abbildung 23: Spektrogramm des Beschleunigungspegels auf dem Gehäuse des Hydromoduls vor der Elastomerbuchse 1 (unten links)

Wie im Flüssigkeitsschall sind auch im Körperschall neben den Hauptordnungen die Nebenbänder und die Resonanzbereiche deutlich erkennbar. Vor diesem Hintergrund wird deutlich, dass für eine genaue Körperschallprognose, wie in der Forschungshypothese, Kapitel 3.3, postuliert, nichtideales Anregungs- und Übertragungsverhalten zu berücksichtigen sind.

Darüber hinaus wurden Schallintensitätsmessungen für einzelne Betriebspunkte in der Nähe des Schaltpunktes durchgeführt. Hierzu wurde eine Schallintensitätssonde des Typs B&K 3548 entlang des in Abbildung 21 erkennbaren Messrasters geführt. Aus den gemessenen Schallintensitäten wurde die emittierte Schallleistung für die obere und die seitlichen Gehäuseflächen bestimmt. Der größte Anteil der emittierten Schallleistung konnte hierbei trotz der kleineren schallabstrahlenden Oberfläche der Gehäuseoberseite zugeordnet werden. Aufgrund der hohen Schallleistung und der Lage direkt unterhalb der Kabine hat der über die Getriebeoberseite abgestrahlte Luftschall hohe Relevanz hinsichtlich des in die Kabine eingetragenen Luftschalls.

4.2.3 Experimentelle Modalanalyse

Zur messtechnischen Ermittlung des strukturdynamischen Verhaltens der Gehäusestruktur wurden experimentelle Modalanalysen (EMA) an Einzelkomponenten und Baugruppen durchgeführt. Das strukturdynamische Verhalten wird mithilfe der EMA in Form der modalen Parameter Eigenfrequenz, Modenform und modaler Dämpfung erfasst, vgl. [BRA11]. Die modalen Parameter dienen im Zuge der Modellerstellung zur Validierung der strukturdynamischen Modelle.

Bei der experimentellen Messdurchführung wird die Struktur durch eine externe Anregungsquelle, typischerweise aufgrund der einfachen Handhabbarkeit durch einen Modalhammer, angeregt [DØS88]. Parallel zur Messung der anregenden Kraft wird die Strukturantwort an ausgewählten Stellen typischerweise mittels Beschleunigungssensoren gemessen. Für die Messauswertung werden die Signale in den Frequenzbereich transformiert und das Verhältnis von Antwort und Anregung wird in Form von FRFs bestimmt. Mithilfe von Fitting-Methoden werden anschließend die modalen Parameter ermittelt. Zur Gewährleistung einer effizienten Messdurchführung und zur Vermeidung von Iterationen bedarf es einer genauen Planung von Anregungs- und Antwortpunkten. Die Messung von FRFs ist auf eine endliche Anzahl von Oberflächenpunkten bzw. Freiheitsgraden (engl. degree of freedom, kurz DOF) beschränkt. Um alle modalen Parameter innerhalb des interessierenden Frequenzbereichs zu erfassen, ist sicherzustellen, dass einerseits alle Moden ausreichend angeregt werden und andererseits die Antwort-DOFs eine klare Unterscheidung der Modenformen gewährleisten.

Für eine effiziente Durchführung einer EMA bedarf es einer möglichst geringen Anzahl an Anregungs- und Antwortpunkten. Zur Unterstützung der Messplanung werden typischerweise Simulationsmodelle eingesetzt, um mittels numerischer Modalanalyse (NMA) die Modenformen und Eigenfrequenzen im interessierenden Frequenzbereich zu ermitteln. Im Falle von nur wenigen Moden kann die reine Visualisierung der Modenformen bei der Identifizierung von Antwort-DOFs und Anregungspunkten helfen. Für komplexe Strukturen mit vielen Moden ist dieser Ansatz hingegen nicht zielführend. Daher wurden Methoden zur Messplanung auf der Basis der NMA entwickelt.

Für die Planung von Antwortpunkten kann das Modal Assurance Criterion (MAC) verwendet werden [AB82]. Der MAC-Wert kann als normalisierter Korrelationskoeffizient zwischen zwei Vektoren interpretiert werden und wird für zwei Modenformen $\{\psi_r\}$ und $\{\psi_s\}$ gemäß Gl. (16) berechnet [BRA11].

$$\mathrm{MAC} = \frac{\left|\{\psi_r^T\}\{\psi_s\}\right|^2}{\left(\{\psi_r^T\}\{\psi_r\}\right) \cdot \left(\{\psi_s^T\}\{\psi_s\}\right)} \tag{16}$$

MAC-Werte größer 0.8 deuten auf eine gute Übereinstimmung zweier Modenformen hin, MAC-Werte kleiner 0.2 hingegen auf eine schlechte Übereinstimmung [EWI00]. Jede Mode der einen Gruppe wird mit jeder Mode der anderen Gruppe verglichen. Zur Übersichtlichkeit werden die Ergebnisse in Form der MAC-Matrix visualisiert. Bei der Messplanung wird zur Bewertung der räumlichen Auflösung von Antwortpunkten die Modengruppe auf sich selbst bezogen, was als AutoMAC bezeichnet wird. Liegen die Nebendiagonaleinträge der AutoMAC-Matrix mit den gewählten Antwortpunkten nahe null, ist eine klare Unterscheidung der Modenformen mit den gewählten Antwortunkten gewährleistet.

In Abbildung 24 ist exemplarisch für eine Getriebegehäusekomponente eine Auto-MAC-Matrix mit einer iterativ ermittelten Sensorkonfiguration mit 19 Sensorpositionen gezeigt.

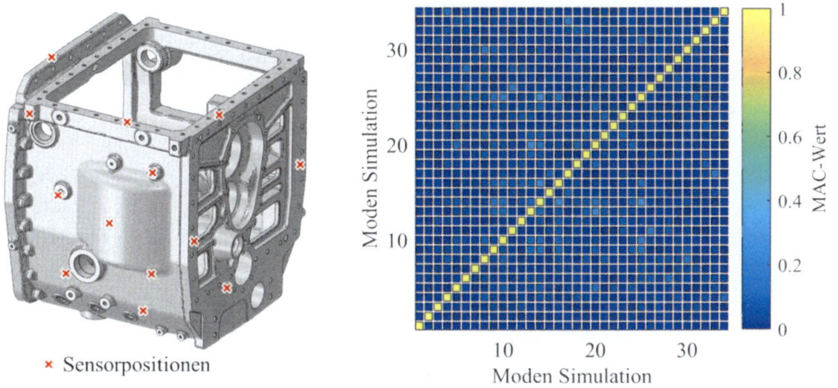

Abbildung 24: AutoMAC-Matrix (rechts) für ermittelte Sensorkonfiguration auf Getriebegehäuse-Komponente (links)

Im Frequenzbereich bis 1500 Hz treten 34 Moden auf, wobei die ersten 6 Starrkörpermoden nicht berücksichtigt sind. Die AutoMAC-Matrix deutet aufgrund der kleinen Nebendiagonaleinträge auf eine klare Unterscheidung der Modenformen mit der gewählten Sensorkonfiguration hin.

4.2.3.1 Erweiterte Methode zur Identifikation von Anregungspunkten

Für komplexe Bauteile und Baugruppen, wie die des LVG-Gehäuses, werden bei der EMA typischerweise mehrere Anregungspunkte benötigt, um alle Moden des interessierenden Frequenzbereichs anzuregen. Bekannte Methoden zur Identifikation von Anregungspunkten erlauben jedoch nicht die Ermittlung einer minimalen Anzahl an Anregungspunkten. Daher wurde basierend auf bekannten Indikatoren eine erweiterte Methode entwickelt, die auch für komplexe Strukturen die automatisierte Identifikation einer minimal notwendigen Auswahl an Anregungspunkten gewährleistet.

Bei der Auswahl von Anregungspunkten gilt es, Bereiche zu vermeiden, in denen Schwingungsknoten liegen oder die hohe Schwinggeschwindigkeiten aufweisen, wodurch bei der Anregung mittels Modalhammer Doppelpulse auftreten können. In

[IE97] wird die Optimum Driving Point (ODP) Methode zur Ermittlung von Bereichen hoher Mobilitäten sowie der Average Driving DOF Velocity, kurz ADDOFV, zur Berücksichtigung der Doppelpulsgefahr vorgestellt. Weitere Indikatoren sind mit dem Driving Point Residue, kurz DPR, und der Normal Mode Indicator Function, kurz NMIF, in [SIE20] gegeben. Die bekannten Indikatoren werden auf Grundlage einer vordefinierten Modenauswahl berechnet, wobei die Anzahl der berücksichtigten Moden den Wertebereich beeinflusst. So nimmt bspw. der ODP-Wert mit zunehmender Anzahl der betrachteten Eigenmoden deutlich ab. Ein Vergleich über unterschiedliche Anzahlen an berücksichtigten Moden sowie unterschiedliche Strukturen und damit die Definition geeigneter Wertebereiche der Indikatoren ist somit nicht möglich. Daher ist die Vergleichbarkeit der Werte für unterschiedliche Anzahlen betrachteter Moden nicht gegeben. Bei komplexen Strukturen mit vielen Moden reicht ein einziger Anregungspunkt jedoch typischerweise nicht aus, um alle Moden der interessierenden Frequenzbereiche anzuregen. Aufgrund der fehlenden Vergleichbarkeit ist basierend auf den bekannten Indikatoren eine Berechnung einer idealen Aufteilung der Moden auf mehrere Anregungspunkte nicht möglich. Ein weiteres Defizit der genannten Methoden ist die Vernachlässigung der Richtungsabhängigkeit der Schlagrichtung, obwohl die Anregung mit einem Modalhammer nur senkrecht zur Oberfläche erfolgen kann. Für die Messplanung an komplexen Strukturen, wie bspw. dem des LVG-Gehäuses, reichen die bekannten Methoden nicht aus.

Zur Überwindung der genannten Defizite wurde die „Enhanced ODP" (EODP) Methode entwickelt und detailliert in [PWD+22] beschrieben. Die Methode gliedert sich in einen zweistufigen Prozess, bestehend aus der Berechnung von Bewertungskriterien sowie einer darauf aufbauenden Kombinationsberechnung mit dem Ziel der Ermittlung einer minimalen Anzahl an Anregungspunkten. Als Bewertungskriterium wurde das Driving Point Criterion (DPC) zur Bestimmung der Anregungsqualität möglicher Anregungspunkte und möglicher Modenkombinationen entwickelt. In Form eines vergleichbaren Einzahlwertes zwischen 0 und 1 berücksichtigt das DPC gleichzeitig die Anregbarkeit von Moden, die Vermeidung von Doppelpulsen, die Richtungsabhängigkeit der Anregung mittels Modalhammer sowie die Anzahl der berücksichtigten Moden. Basierend auf dem DPC wurde ein effizientes automatisiertes Auswahlverfahren entwickelt, das eine minimale Anzahl notwendiger Anregungspunkte ermittelt. Das Ergebnis des Auswahlverfahrens sind Modengruppen mit einem jeweiligen Anregungspunkt, dem EODP. Als Eingangsgrößen dienen Eigenvektoren des interessierenden Frequenzbereichs sowie die aus dem FE-Netz resultierenden Vektoren der Oberflächennormalen. Des Weiteren erfolgt die Vorgabe eines Schwellwerts, den das DPC für eine Modenkombination nicht unterschreiten soll.

Im Folgenden wird die Anwendung der EODP Methode am Beispiel der LVG-Gehäusebaugruppe demonstriert. Für den Frequenzbereich bis 1 kHz weist das Getriebegehäuse bereits 22 Moden auf. Als mögliche Anregungspunkte wurden sämtliche DOFs der Gehäuseoberfläche zugelassen. Mit einem vorgegebenen Schwellwert von 0.2 für das DPC wurden mithilfe der EODP Methode die in Abbildung 25 gezeigten zwei Modengruppen mit zugehörigen EODPs ermittelt.

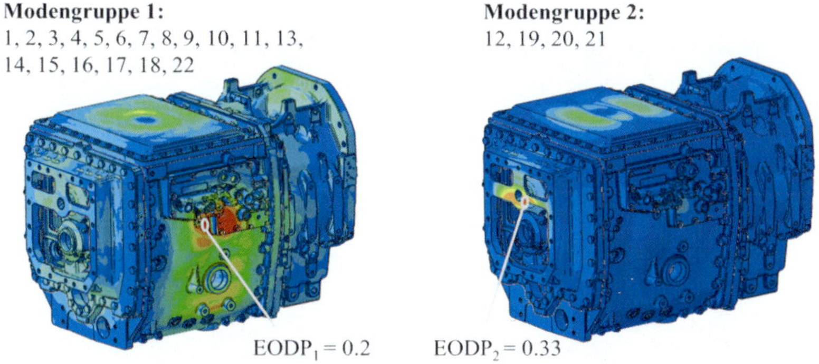

Abbildung 25: Ergebnis der EODP Berechnung für das LVG Gehäuse, nach [PWD+22]

Zur Validierung des Verfahrens wurden an der realen Baugruppe an den berechneten EODPs experimentell die Eingangsinertanzen bestimmt. Mithilfe der Software ME'ScopeVES und der Complex Mode Identificator Function, kurz CMIF, [VIB21] wurden die angeregten Moden ermittelt, Abbildung 26.

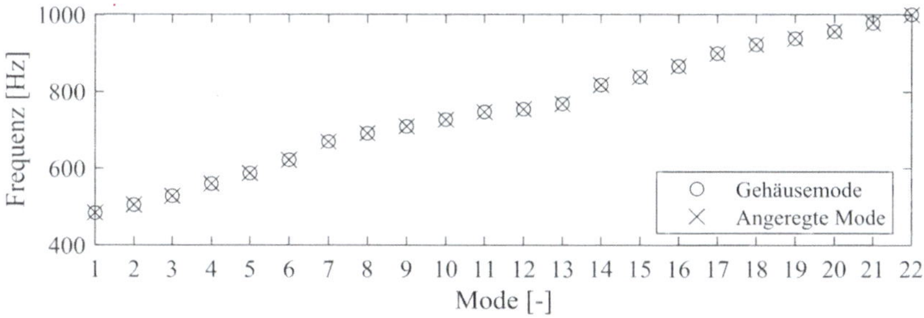

Abbildung 26: Angeregte Moden des LVG Gehäuses an den EODPs, nach [PWD+22]

Das Ergebnis zeigt, dass alle 22 Moden des betrachteten Frequenzbereichs mithilfe der berechneten EODPs angeregt wurden, wobei Doppelpulse gleichzeitig vermieden wurden. Gegenüber den konventionellen Methoden, bietet die EODP Methode auch für komplexe Bauteile und viele Moden eine gesicherte Identifikation von Anregungspunkten. Durch die sichere Vorabbestimmung entfallen zeitintensive Iterationen bei der Messdurchführung und Analyse. Durch den reduzierten Aufwand in der Messplanung und der Messdurchführung sowie der Vermeidung von Iterationen kann mithilfe der EODP Methode ein hoher Effizienzgewinn erzielt werden.

4.2.3.2 Gehäusekomponenten- und baugruppen

Die EMAs werden an sämtlichen Gehäuse- und Hydromodulkomponenten des LVG durchgeführt. Die Bauteile werden dabei sowohl separat als auch in vormontierten Baugruppen vermessen. Abbildung 27 zeigt beispielhaft den Messaufbau für das hintere LVG Gehäuse (links) und für die LVG-Gehäusebaugruppe (rechts).

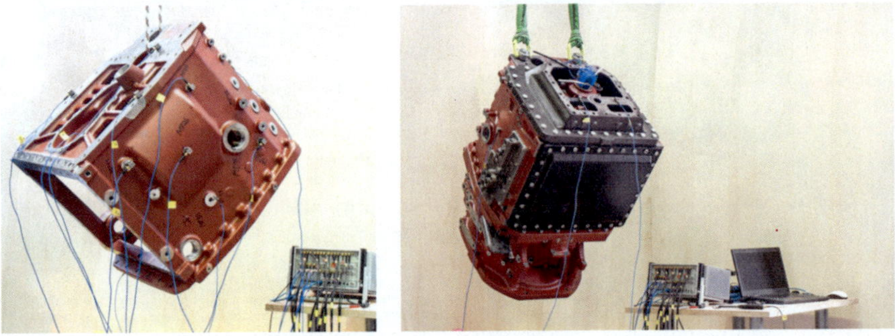

Abbildung 27: Messaufbau für die EMA: Hinteres LVG Gehäuse (links), LVG Gehäusebaugruppe (rechts)

Die Aufhängung der Bauteile erfolgte elastisch an Stellen niedriger Mobilität. Die Strukturantwort wurde an den ausgewählten Antwortpunkten mittels triaxialer Beschleunigungsaufnehmer vom Typ PCB-356A15 gemessen. Die Anregung der Struktur erfolgte an den berechneten Anregungspunkten mittels eines Modalhammers vom Typ PCB-086C03 mit Metallspitze.

Zur Ermittlung des Einflusses von Flächendichtmittel in den verschraubten Flanschverbindungen wurde die Getriebegehäusebaugruppe mit und ohne Flächendichtmittel montiert und vermessen. Der Vergleich der modalen Parameter zeigt hohe Ähnlichkeiten der Eigenfrequenzen und Modenformen, jedoch deutliche Unterschiede in der modalen Dämpfung. Die modale Dämpfung wird durch die Dichtmasse bei den meisten Moden um mehr als 55 %, von durchschnittlich etwa 0.13 % auf 0.21 %, erhöht. Die messtechnisch ermittelten modalen Dämpfungswerte dienen zur Parametrierung des Simulationsmodells. Aufgrund des hohen Einflusses ist das Flächendichtmittel in den Baugruppenmessungen zu berücksichtigen.

4.2.4 Charakterisierung Elastomerbuchsen

Das Hydromodul und die Kabine sind mithilfe von Elastomerbuchsen am Getriebegehäuse gelagert. Die Elastomerbuchsen werden wegen ihrer Entkopplungs- und Dämpfungseigenschaften zur Reduktion der Körperschallübertragung entlang der Transferpfade eingesetzt [ZEL09]. Zur Berücksichtigung des Steifigkeits- und Dämpfungsverhaltens im Simulationsmodell wurden die Elastomere messtechnisch charakterisiert. Ziel der Charakterisierung ist die Ermittlung von Steifigkeits- und Dämpfungsparametern sowie möglicher Nichtlinearitäten.

Zur Untersuchung und Berücksichtigung von Vorlast, Anregungsamplitude und Anregungsfrequenz wurde ein Prüfstand genutzt, an dem die Buchsen analog zur realen Einbausituation vorgespannt und die Anregung über einen kraftgeregelten, elektrodynamischen Shaker variiert werden können. Der Aufbau orientiert sich am Konzept eines vorgespannten Zweimassenschwingers und ist in Abbildung 28 in der Draufsicht gezeigt.

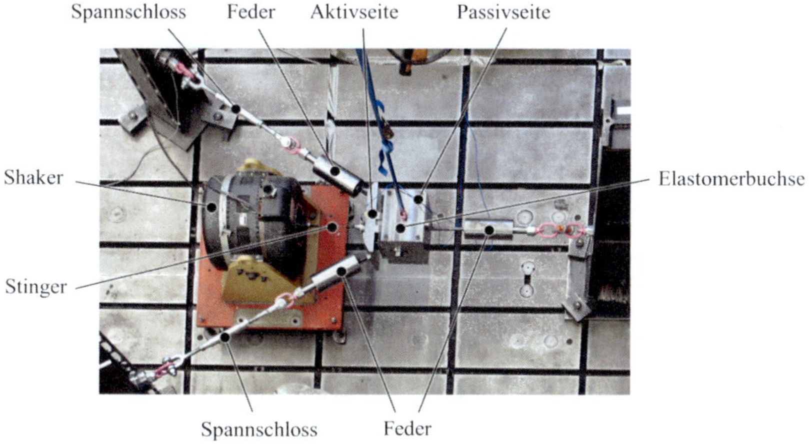

Abbildung 28: Shakerprüfstand zur Vermessung der Elastomerbuchsen

Die Bauteile von Aktiv- und Passivseite sind massiv ausgelegt, sodass sie im relevanten Frequenzbereich Starrkörperverhalten aufweisen. Beide Seiten sind über die zu vermessenen Buchsen miteinander verbunden und bilden so einen Zweimassenschwinger. An beiden Seiten greifen Zuganker zur Aufprägung der Vorspannung an. Zur dynamischen Entkopplung des Zweimassenschwingers von der Umgebung dienen in Hülsen eingebrachte Federpakete, bestehend aus Spiralfedern und Elastomerelementen. An den aktivseitigen Zugankern sind Spannschlösser mit Kraftmessdosen zur Einstellung der Vorspannung eingebracht. Der Shaker vom Typ LDS-V501 ist über einen Stinger in Form einer dünnen Metallstange und einer Kraftmessdose mit der Aktivseite verbunden. Der Stinger dient zur uniaxialen Übertragung der Anregungskräfte und zur Unterbindung von Querkräften und Drehmomenten. Der Aufbau erlaubt die Anregung und Vermessung der Buchsen sowohl in radialer als auch in axialer Richtung. Zur Vermessung der unterschiedlichen Buchsengeometrien stehen unterschiedliche Buchsenaufnahmen für Aktiv- und Passivseite bereit. Der Shaker wurde für die Vermessung in Kraftregelung betrieben, wobei der relevante Frequenzbereich stufenweise durchfahren wurde. Die Regelung erfolgte über die Software PAK des genutzten Messsystems MKII der Firma MÜLLER-BBM. Neben der Vorspann- und Anregungskraft wurden pro Frequenzstützstelle die aktiv- und passivseitigen Beschleunigungen mit Sensoren des Typs PCB-356A15 gemessen.

Im Folgenden werden exemplarisch die Messergebnisse für die unteren Buchsen des Hydromoduls, Buchse 1 und 2 in Abbildung 11, vorgestellt. Abbildung 29 zeigt die Beschleunigungspegel der Aktiv- und Passivseite sowie die Differenz beider Kurven über der Frequenz für eine Vorspannung von 10 kN und einer Anregungsamplitude von 5 N.

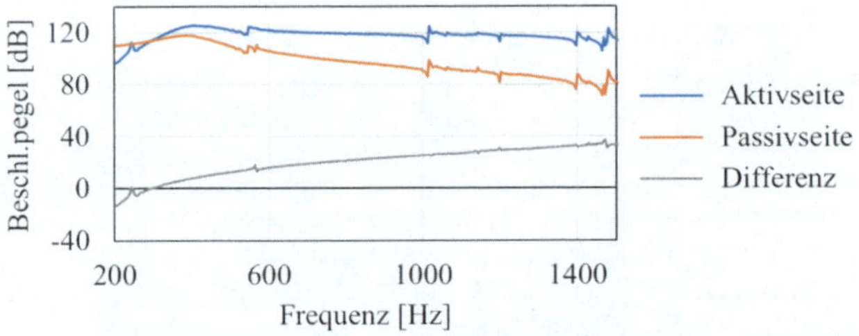

Abbildung 29: Untere Hydromodul Buchsen: Beschleunigungspegel bei 10 kN Vorspannung und 5N Anregungsamplitude

Die Aufbaueigenfrequenz liegt bei etwa 23 Hz und unterhalb des gemessenen Frequenzbereichs. Die Schwingungsisolation, erkennbar am Differenzpegel, nimmt ab etwa 350 Hz mit steigender Frequenz zu. Die Verläufe sind, bis auf kleinere Überhöhungen, die aus dem Eigenverhalten der Zugankersysteme resultieren, über dem Frequenzbereich glatt.

Die Buchsen werden durch Variation von Vorspannung und Anregungsamplitude unter verschiedenen Randbedingungen vermessen. Die resultierenden Verläufe der Differenzpegel sind in Abbildung 30 dargestellt.

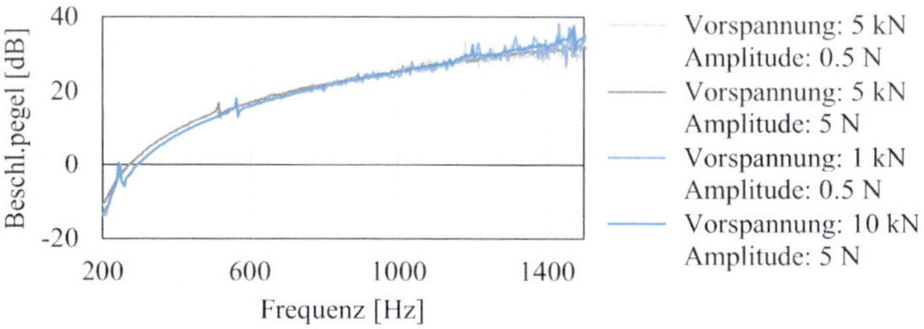

Abbildung 30: Untere Hydromodul Buchsen: Differenzpegel für variierende Vorspannung und Anregungsamplitude

Bei geringeren Anregungsamplituden sinkt der Signal-Rausch-Abstand, was im oberen Frequenzbereich durch Schwankungen um den Mittelwert erkennbar ist. Insgesamt liegen die Verläufe sehr nah beieinander; weder die Vorspannkraft noch die Anregungsamplitude haben einen signifikanten Einfluss auf den Verlauf des Differenzpegels. Auch ein Eigenverhalten der Buchsen ist nicht erkennbar. Dies zeigt, dass die Buchsen im betrachteten Frequenzbereich keine ausgeprägten Nichtlinearitäten aufweisen. Ähnliches Verhalten zeigt sich auch für die weiteren Buchsen und weitere Anregungsrichtungen im relevanten Frequenzbereich, vgl. [PBK19].

4.2.5 Transferpfadmessungen Kabine

Die Charakterisierung der vibroakustischen Kabineneigenschaften erfolgte in Form von FRF-Messungen. Die körperschallinduzierten Transferpfade wurden mithilfe von Hammermessungen an der isolierten und frei aufgehängten Kabine ermittelt, Abbildung 31 links.

Abbildung 31: Messung der körperschallinduzierten (links) und luftschallinduzierten Transferpfade (rechts)

Die Kraftanregung erfolgte mittels Modalhammer an allen zehn Aufhängepunkten in alle Raumrichtungen, während die Systemantwort in Form des Luftschalls am Fahrerohr gemessen wurde. In Abbildung 32 links sind beispielhaft FRFs für Anregung am vorderen linken Aufhängepunkt in z-Richtung (blau) sowie am vorderen rechten Aufhängepunkt in z-Richtung (grau) zum Schalldruck am linken Fahrerohr gezeigt. Beide FRFs weisen insgesamt einen ähnlichen Verlauf auf, wobei insbesondere im Bereich 600-100 Hz Unterschiede von mehr als 20 dB auftreten.

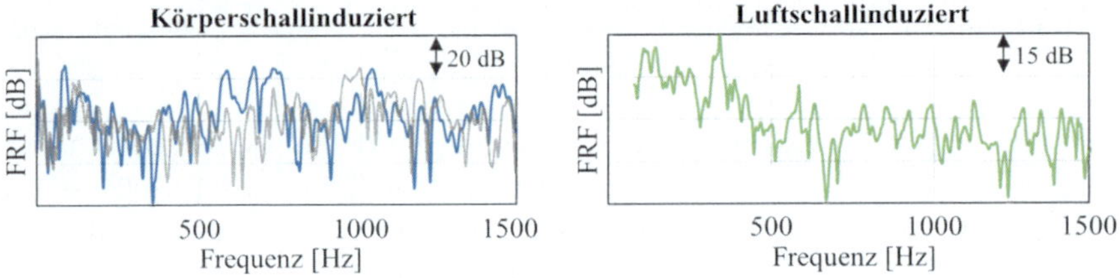

Abbildung 32: Gemessene körperschallinduzierten (links) und luftschallinduzierte (rechts) Transferfade der Kabine

Die Messung der luftschallinduzierten Transferpfade erfolgte reziprok, um auch die Einflüsse der Einbaubedingung und abschirmender Flächen auf die Schallausbreitung zu berücksichtigen. Hierzu wurde die Anregung am Ort des Fahrerohrs und die Messung der Luftschallantwort außerhalb der Kabine durchgeführt. Zur Luftschallanregung wurde ein Dodekaeder-Lautsprecher des Typs DO12-S mit Rundumcharakteristik verwendet, dargestellt in Abbildung 31 rechts. Ein gemessener luftschallinduzierter Transferpfad für eine mittige Mikrofonposition unterhalb der Kabine ist in Abbildung 32 rechts dargestellt. Das Übertragungsmaß ist erwartungsgemäß für tiefe Frequenzen, unterhalb von etwa 400 Hz, am höchsten und nimmt zu höheren Frequenzen hin ab, vgl. [JDM+19].

4.2.6 Zusammenfassung

Die akustische Charakterisierung basierend auf den Betriebsmessungen am Gesamtfahrzeug und am LVG stellt die Hydrostaten des LVG als Hauptanregungsquelle heraus. Die Hauptordnungen der Hydrostatanregung dominieren den Gesamtpegel im Körper- und Luftschallverhalten über den weiten Betriebsbereich. Zusätzlich wird das akustische Verhalten von Nebenbändern geprägt, die durch Nichtlinearitäten im Anregungsverhalten aufgrund von Modulationseffekten hervorgerufen werden. Die Betriebsmessungen bestätigen die in Kapitel 3.1 beschriebenen Annahmen der Relevanz der Hydrostatanregung für das NVH-Systemverhalten sowie den Forschungsbedarf zur Entwicklung einer NVH-Modellierungsmethodik unter Berücksichtigung des nichtlinearen Anregungsverhaltens der Hydrostaten.

Neben dem erwartbaren Einfluss der Hauptanregungsquelle wurde die Relevanz des Übertragungsverhaltens für das akustische Verhalten identifiziert. Hierbei deuten frequenz- und betriebspunktabhängige Überhöhungen auf resonantes Systemverhalten hin. Mithilfe einer OTPA wurden die dominanten Schalltransferpfade in die Kabine ermittelt und gezeigt, dass der über die Kabinenaufhängung eingetragene Körperschall und in einzelnen Betriebspunkten auch der vom Getriebegehäuse abgestrahlte Luftschall für den Kabineninnenraumluftschall relevant sind. Wegen der stark variierenden Anregungsfrequenzen und gegenläufigen Ordnungen der Hydrostaten besteht eine hohe Betriebspunktabhängigkeit der Schallpegel und der spektralen Geräuschzusammensetzung. Basierend auf dem Luftschall am Fahrerohr wurde der relevante Frequenzbereich bis 1500 Hz ermittelt. Die Messergebnisse bestätigen somit die in Kapitel 3.3 formulierten Forschungshypothesen bezüglich der Relevanz einer kombinierten Betrachtung von Hydrostatanregung und Übertragungsverhalten über einen weiten Betriebs- und Frequenzbereich zur gesicherten Prognose dominierender Auffälligkeiten im NVH-Verhalten.

Die Betriebsmessungen dienen neben der Systemcharakterisierung und -eingrenzung der Validierung der in Kapitel 4.3 vorgestellten Modellierungsmethodik. Zur Validierung der strukturdynamischen Modelle wurden umfangreiche EMAs an Getriebegehäusekomponenten- und baugruppen durchgeführt. Der Messdurchführung ging eine intensive Planung der Anregungs- und Antwortpunkte voraus. Bei der Identifizierung von Anregungspunkten unterstützte die neu entwickelte EODP Methode, vgl. Kapitel 4.2.3.1, die auch für komplexe Bauteile eine zuverlässige Identifikation mehrerer Anregungspunkte zur Anregung aller Moden des relevanten Frequenzbereichs erlaubt. Mithilfe der Methode war es möglich, auch schwer separierbare Moden sicher zu erfassen, Iterationen in der Messdurchführung zu vermeiden und somit den Mess- und Analyseaufwand deutlich zu reduzieren. Die Elastomerbuchsen und die vibroakustischen Kabineneigenschaften wurden messtechnisch mittels FRF-Messungen charakterisiert. Die gewonnenen Daten werden im Zuge des Modellbildungsprozesses zur Ermittlung notwendiger Modellierungsparameter genutzt.

4.3 Entwicklung Modellierungsmethodik

Die Modellierungsmethodik soll eine entwicklungsbegleitende Prognose dominanter Auffälligkeiten im NVH-Verhalten erlauben, um frühzeitig im PEP ganzheitliche Bewertungen, Analysen und Optimierungen zu ermöglichen. Aufgrund der hohen Interaktion der Subsysteme und des gekoppelten Systemverhaltens sind zur ganzheitlichen Betrachtung die Systemgrenzen so zu wählen, dass die gesamte schallübertragende

Struktur von den Hydrostaten bis zur Kabine sowie relevante Anbauten, die einen Einfluss auf die Strukturdynamik und das Eigenverhalten haben, einbezogen werden. Wie die messtechnische Charakterisierung aufzeigt, ist aufgrund der hohen Betriebspunktabhängigkeit ein weiter Betriebsbereich in Form von Hochläufen zu berücksichtigen. Gleichzeitig ist der Frequenzbereich bis 1500 Hz einzubeziehen. Die aus diesen Anforderungen zu erwartende hohe Modellgröße und -komplexität verlangt insbesondere zur produktiven Anwendung der Modellierungsmethodik im PEP eine hohe Berechnungseffizienz. Daher ist das übergeordnete Ziel der Modellierungsmethodik die Erreichung einer hohen Recheneffizienz, was sowohl für das Gesamtmodell als auch für jedes Teil-, bzw. Submodell gilt. Hierzu sind zur Erfassung der relevanten charakteristischen Eigenschaften des realen Systems die Detailgrade nicht so exakt wie möglich, sondern so genau wie nötig zu wählen, vgl. [VWZ+18, BAN10].

Im Folgenden wird zunächst das Gesamtmodell und anschließend die einzelnen Submodelle vorgestellt. Zur transparenten Beschreibung werden die Modelle entsprechend der in [JKB+22] vorgeschlagenen Modelleinordnung hinsichtlich des jeweiligen Modellzwecks, des Modellumfangs und der Modellgenauigkeit eingeordnet.

4.3.1 Aufbau Gesamtmodell

Zweck des Gesamtmodells ist die Prognose des durch Hydrostatanregungen verursachten Flüssigkeits-, Körper- und Luftschallverhaltens entlang der gesamten Schallentstehungskette von den hydrostatischen Anregungen bis zum Luftschall über einen weiten Betriebs- und Frequenzbereich. Das Gesamtmodell umfasst zur Berücksichtigung des Anregungs-, Übertragungs- und Abstrahlverhaltens die Domänen der Fluiddynamik, der Strukturdynamik und der Akustik, welche in einem domänenübergreifenden Systemmodell kombiniert werden, Abbildung 33.

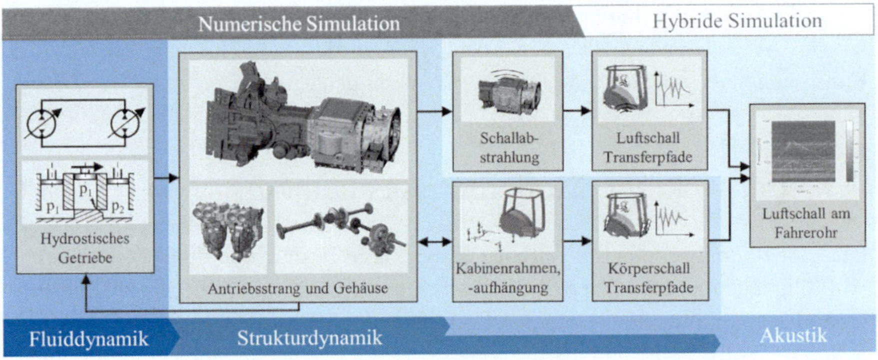

Abbildung 33: Struktur des domänenübergreifenden Systemmodells, nach [PJB20]

Hinsichtlich der Genauigkeit wird der relevante Frequenzbereich bis 1500 Hz sowie das betriebspunktabhängige, nichtlineare Verhalten der hydrostatischen Anregungen in Form transienter Hochläufe zur Berücksichtigung des gesamten Betriebsbereichs betrachtet.

Als zentrales Element zur Realisierung einer effizienten Abbildung des gekoppelten Systemverhaltens aus Strukturdynamik, nichtlinearem Übertragungsverhalten und transienten Anregungen unter variablen Betriebsbedingungen im Zeitbereich wurde die EMKS, vgl. Kapitel 2.1.2.3, gewählt. Für die Kopplung des fluiddynamischen, strukturdynamischen und akustischen Submodells wird zur Erhöhung der Berechnungseffizienz auf Co-Simulationen zwischen den Modellen der unterschiedlichen Domänen verzichtet. Stattdessen erfolgt die Kopplung über Ersatz- bzw. Surrogatmodelle, deren Verhalten durch Vorberechnungen bestimmt und für die Hydrostatanregung in Form von Kennfeldern und für die Abstrahlungs- und Kabineneigenschaften in Form von FRFs, vgl. ATV-Methode in Kapitel 2.1.2.4, angenähert wird. Für den Kennfeldansatz als Schnittstelle zwischen Fluiddynamik und mechanischem Modell werden die relevanten Betriebszustände vorab mithilfe des mechanischen Modells bestimmt und der notwendige Kennfeldbereich aufgespannt. Für die Schnittstelle zwischen mechanischem und akustischem Modell dienen als Übergabewerte die Oberflächenschnellen der abstrahlenden Oberflächen. Im mechanischen Modell erfolgt die Berechnung der Oberflächenschnellen unter Vernachlässigung der umgebenden Luft bzw. des umgebenden Schalldrucks. Aufgrund der hohen Unterschiede der akustischen Impedanz wird hierbei von einer allgemein anerkannten Rückwirkungsfreiheit des Schalldrucks auf die Strukturdynamik ausgegangen, vgl. [GRA07, MOO00]. Aus den Oberflächenschnellen der abstrahlenden Oberflächen wird zusammen mit den FRFs des ATV in einem nachgelagerten Berechnungsschritt der abgestrahlte Luftschall an den Empfängerpunkten berechnet. Der in Kapitel 4.3.4 vorgestellte Ansatz ermöglicht es hierbei, dass auch für beliebig komplexe Oberflächengeometrien die Positionen der diskreten Punkte, an denen die Oberflächenschnellen berechnet und übergeben werden, im mechanischen und akustischen Modell übereinstimmen. Hierdurch werden weitere Umrechnungen vermieden und eine hohe Durchgängigkeit und Effizienz des Gesamtmodells gewährleistet.

Wie in Abbildung 33 dargestellt, wird die Hydrostatanregung, die Strukturdynamik von Antriebsstrang, Gehäuseverbund, Kabinenaufhängung und Kabinenrahmen sowie die Schallabstrahlung mithilfe numerischer Modelle abgebildet. Zur Erzielung eines recheneffizienten Systemmodells wird die Kabine hingegen nicht in einer vollständig physikalischen Beschreibungsform modelliert; viele Materialien mit teilweise nichtlinearen Struktureigenschaften, unzählige Fügestellen, Komponenten und Baugruppen würden zu einer sehr komplexen, unwirtschaftlichen Modellbildung und einer schwer validierbaren Modellgröße führen, vgl. [WEG17]. Stattdessen werden die vibroakustischen Kabineneigenschaften in Form der messtechnisch ermittelten FRFs, siehe Kapitel 4.2.5, berücksichtigt, vgl. [RNS06]. Zur Kopplung mit dem numerischen Modell werden die numerisch ermittelten zeitabhängigen Antwortgrößen an der Schnittebene zur Kabine mit den gemessenen FRFs kombiniert, vorgestellt in Kapitel 4.3.5. Die Kombination numerischer Modelle mit messtechnisch ermittelten Eigenschaften weiterer Subsysteme zu einem Gesamtsystem wird in der Literatur auch als hybride Modellierung bezeichnet, vgl. [ZEL09]. Der Fokus der vorgestellten Modellierungsmethodik liegt in den Methoden der numerischen Simulation.

Im Folgenden werden die einzelnen Submodelle vorgestellt und jeweils hinsichtlich des Zwecks, des Umfangs und der Genauigkeit eingeordnet. Die Struktur und der Umfang des Gesamtmodells mit einer Modelleinordnung sämtlicher Submodelle ist in Anhang A.1 in einer Übersicht zusammengefasst.

4.3.2 Modellierung der Hydrostatanregungen

Zweck des Modells der Hydrostatanregung ist die Aufprägung der vom Betriebs- und Systemzustand abhängigen nichtlinearen Hydrostatanregungskräfte des relevanten Frequenzbereichs im EMKS-Modell zur transienten Körperschallberechnung im Zeitbereich. Die Modellierung erfolgt mithilfe eines Kennfeldansatzes mit drei hintereinandergeschalteten Submodellen: einem 1D-Fluidmodell (Kapitel 4.3.2.1), einer analytischen Kraftberechnung (Kapitel 4.3.2.2) sowie einem nutzerspezifischem Kraftelement (Kapitel 4.3.2.2).

4.3.2.1 Fluidmodell

Das 1D-Fluidmodell dient zur Simulation des nichtlinearen, rückwirkungsbehafteten Pulsationsverhaltens des hydrostatischen Getriebes. Ziel ist die Bestimmung der Druckpulsationen in den Zylinderräumen und im Leitungssystem in Abhängigkeit der Betriebs- und Systemzustände, die durch Last, Drehzahl, Drehwinkel und Schwenkwinkel definiert werden. Hierzu wird sowohl das Anregungsverhalten aufgrund der Pumpenkinematik und des Umsteuervorgangs sowie das Eigenverhalten des Leitungssystems modelliert. Das gesamte geschlossene hydrostatische Getriebe, bestehend aus den beiden Axialkolbeneinheiten H1 und H2 und dem Leitungssystem, also den Ölkanälen A und B, siehe Abbildung 12, wird in einem Gesamtmodell beschrieben, um Interaktionen und Wechselwirkungen berücksichtigen zu können. Basierend auf den gegebenen Ölkanal- und Zylinderraumabmessungen können die Fluidschwingungen nach Gl. (6) bis über 10 kHz und damit bis deutlich über den betrachteten Frequenzbereich hinaus als eindimensional betrachtet werden.

Die Betrachtung des nichtlinearen Gesamtsystemverhaltens über den weiten Betriebsbereich wird durch den recheneffizienten eindimensionalen Simulationsansatz und einen effizienten Solver des kommerziellen Simulationsprogramms GT-SUITE von GAMMA TECHNOLOGIES mit der Berechnung im Zeitbereich ermöglicht. In einem Finite-Volumen-Ansatz, vgl. Kapitel 2.1.2.1, ermöglicht das Simulationsprogramm eine detaillierte Beschreibung der Druckpulsationen unter Berücksichtigung der Navier-Stokes-Gleichung für kompressible Fluide, detaillierter Drosselmodelle, instationärer Rohrreibungsmodelle sowie Verzweigungselemente zur Abbildung von Reflexions- und Expansionsverhalten dreidimensionaler Kanalgeometrien. Der Ansatz gewährleistet die Berücksichtigung der in Kapitel 2.1.1.2 beschriebenen induktiven, kapazitiven und resistiven Eigenschaften der Fluids. Die Berechnung erfolgt nach der expliziten Euler-Methode im Zeitbereich. [GAM16]

Das Fluidmodell umfasst Modelle der beiden Axialkolbeneinheiten mit den einzelnen Zylinderräumen und den Steuerscheiben, Modelle des Leistungssystems mit dem Ventilsystem und ein Ölmodell, die im Folgenden vorgestellt werden.

Ölmodell

Die Schallausbreitung in Flüssigkeiten hängt von den Fluideigenschaften ab, die in Abhängigkeit der Betriebsparameter ein nichtlineares Verhalten aufweisen. Das Ölmodell basiert auf mehrdimensionalen Kennfeldern, in denen die nichtlinearen Abhängigkeiten der Fluidparameter, wie Dichte, Kompressionsmodul, Schallgeschwindigkeit und Viskosität, von den Zustandsgrößen, wie Druck und Temperatur, beschrieben werden. Die Kennfelder für die Fluidparameter des im Hydromodul verwendeten Öls sind dem Fluidmodell hinterlegt und werden während der Berechnung ausgelesen.

Die Fluideigenschaften hängen hauptsächlich vom Druck und der Temperatur ab. Die Elastizität der kompressiblen Flüssigkeit wird zudem durch die Elastizität der Rohrwandung und den Luftanteil beeinflusst. Der Einfluss der Elastizität der Rohrwandung kann im Ersatzkompressionsmodul $E'_{\mathrm{Öl}}$ berücksichtigt werden. Für dickwandige Rohrleitungen, wie sie im Hydromodul vorliegen, gilt Gl. (17) [MUR16].

$$E'_{\mathrm{Öl}} = \left[\frac{1}{E_{\mathrm{Öl}}} + \frac{1}{E_W} \cdot \frac{2 \cdot \left(\frac{d_a}{d}\right)^2 \cdot (1 + \upsilon) + 3 \cdot (1 - 2\,\upsilon)}{\left(\frac{d_a}{d}\right)^2 - 1} \right]^{-1} \tag{17}$$

$E_{\mathrm{Öl}}$ stellt den Kompressionsmodul der Flüssigkeit ohne Berücksichtigung weiterer Elastizitäten dar, E_W die Elastitzität und υ die Poissonzahl des Materials der Rohrwandung, sowie d_a und d den Außen- und Innendurchmesser. Für die betrachtete Gussstruktur ergibt sich ein Unterschied von weniger als 4 % zwischen dem Kompressionsmodul und dem Ersatzkompressionsmodul. Die Überprüfung mit der

Berechnung für dünnwandige Rohre, vgl. [MUR16], liefert einen Unterschied von etwa 3 %. Aufgrund des geringen Einflusses wird die Elastizität der Rohrwandung vernachlässigt.

Der Volumenanteil von Luft im Öl ist im Gegensatz zum Massenanteil betriebspunktabhängig, weil die Luft gelöst oder ungelöst vorliegen kann. Gelöste Luft wirkt sich nur unwesentlich auf das Elastizitätsverhalten aus, ungelöste Luft hat jedoch einen signifikanten Einfluss. Luft kann aus der Flüssigkeit austreten, wenn ein örtlich niedriger statischer Druck vorzugsweise bei gleichzeitiger Scherbeanspruchung der Flüssigkeit auftritt. Das Luftlösevermögen ist bis etwa 300 bar proportional zum Druck und kann über das Henry-Dalton-Gesetz beschrieben werden [MUR16]:

$$V_G = V_{Fl} \cdot \alpha_V \cdot \frac{p}{p_0} \tag{18}$$

Hierbei sind V_G das beim Druck p im Ölvolumen V_{Fl} lösbare Gasvolumen und α_V der Bunsenkoeffizient, der angibt, wie viel Volumenprozent Gas in einer Volumeneinheit der Flüssigkeit bei Normalbedingungen (p_0 = 1.013 bar, T = 20°C) gelöst sind. Der Anteil ungelöster Luft kann bei mobilen Arbeitsmaschinen etwa 5-10 Vol-% bei Umgebungsdruck erreichen [MUR16]. Bei einem für Mineralöle der Gruppe HLP gängigen Bunsenkoeffizienten von 6.8 % [MUR16] kann Öl bei einem Druck von etwa 1.5 bar bereits 10 Vol-% Luft lösen. Im vorliegenden System ist der Öldruck in allen Leitungen, die zum Hydromodul hin- oder wegführen, deutlich vorgespannt. Auch die Niederdruckseite ist mit 25 bar so weit vorgespannt, dass auch lokal der Druck nicht soweit abfällt, dass sich Luft auslöst. Aus diesem Grund wird im Modell der Einfluss ungelöster Luft im Öl vernachlässigt.

Axialkolbeneinheiten

Im hydrostatischen Variator kommen Weitwinkel-Axialkolbeneinheiten in Schrägachsenbauart zum Einsatz. Wesentliche Elemente stellen Triebflansch, Kolben, Kolbentrommel und Steuerscheibe dar, siehe Abbildung 34. Der Triebflansch stützt die Kolben, die in Kugelgelenken gelagert sind, ab und treibt die Kolbentrommel über ein Tripodengelenk mit gleicher Drehzahl an. Die Verstellung des Schluckvolumens ist durch Schwenken der im Schwenkgehäuse gelagerten Kolbentrommel um den Triebflansch möglich. Die Kolbentrommel gleitet auf der Steuerscheibe ab, über die die Umsteuerung erfolgt und die gleichzeitig als Axiallagerung der Kolbentrommel dient. [MUR16]

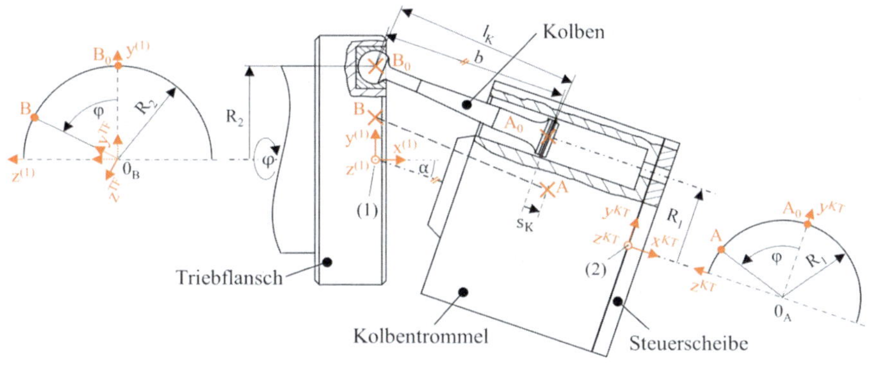

Abbildung 34: Kinematische Größen einer Axialkolbenpumpe in Schrägachsenbauart, in Anlehnung an [II93]

Zweck des Modells der Axialkolbeneinheiten ist die Abbildung des Förder- und Pulsationsverhaltens, das aus den bei Rotation der Einheiten erzeugten Verdrängervolumenströmen resultiert. Die Verdrängervolumenströme hängen konstruktiv von der Hydrostatkinematik und dem Öffnungsverhalten des Umsteuersystems ab.

Die Hydrostatkinematik wird im Fluidmodell durch eine analytische Beschreibung des Zylindervolumens in Abhängigkeit des anliegenden Dreh- und Schwenkwinkels erfasst. Die zur mathematischen Beschreibung des Zylindervolumens verwendeten Größen sind in Abbildung 34 dargestellt. Die Drehachse des Triebflansches verläuft in $x^{(1)}$-Richtung und die der Kolbentrommel in x^{KT}-Richtung. Beide Achsen sind mit dem Schwenkwinkel α um die z-Achse zueinander verdreht. Die Punkte A_0 und B_0 bzw. A und B stellen die Lagermittelpunkte eines Kolbens in zwei unterschiedlichen Positionen dar. Die Bewegung des Punktes A entspricht der Bewegung des Kolbenkopfes. In Abbildung 34 ist der Kolben bei $\varphi = 0°$ in der unteren Totlage mit maximalem Zylindervolumen dargestellt. Bei $\varphi = 180°$ befindet sich der Kolben in der oberen Totlage mit minimalem Zylindervolumen. Bei einem Schwenkwinkel von $\alpha = 0°$ stehen die Kolben in Mittelstellung. Unabhängig vom Drehwinkel φ weisen die Zylinderräume hierbei das Totvolumen V_M auf. Genau zwischen der oberen und unteren Totlage, also bei $\varphi = 90°$ und $\varphi = 270°$, befinden sich die Kolben unabhängig vom Schwenkwinkel ebenfalls in Mittelstellung und das Zylinderraumvolumen entspricht V_M. Für alle weiteren Stellungen ergibt sich ein vom Schwenk- und Drehwinkel abhängiges Zylinderraumvolumen V_Z gemäß Gl. (19).

$$V_Z(\varphi,\alpha) = h(\varphi,\alpha) \cdot \frac{\pi}{4} \cdot d_K^2 + V_M \qquad (19)$$

d_K gibt den Kolbendurchmesser und $h(\varphi, \alpha)$ den Hub als momentanen Abstand des Kolbens zur Mittelstellung an. Mit H_K als Gesamthub, also den Weg, den ein Kolben von der unteren zur oberen Totlage zurücklegt, und s_K als den in x^{KT}-Richtung angenommenen zurückgelegten Kolbenweg aus der unteren Totlage, ergibt sich der Hub h gemäß Gl. (20).

$$h(\varphi, \alpha) = \frac{H_K(\alpha)}{2} - s_K(\varphi, \alpha) \tag{20}$$

Nach [II93] gilt für s_K Gl. (21) und H_K Gl. (22).

$$s_K(\varphi, \alpha) = R_2 \cdot (1 - \cos(\varphi)) \cdot \sin(\alpha) + \Delta b \tag{21}$$

$$H_K(\alpha) = s_K(\varphi = 0°) - s_K(\varphi = 180°) = 2 \cdot R_2 \cdot \sin(\alpha) \tag{22}$$

R_2 gibt den Teilkreisradius der Lagermittelpunkte der Kolben auf dem Triebflansch an. Für $\alpha = 0°$ sind die projizierten Kolbenlängen in der senkrecht zur Kolbentrommelachse verlaufenden Ebene gleich groß, erkennbar am Abstand A_0 zu B_0 und A zu B in Abbildung 35 (a). Für $\alpha \neq 0°$ wird der Teilkreis der Lagermittelpunkte der Kolben in einer senkrecht zur Kolbentrommelachse verlaufenden Ebene als Ellipse mit den Halbachsen R_2 und $R_2 \cdot \cos(\varphi)$ abgebildet, Abbildung 35 (b).

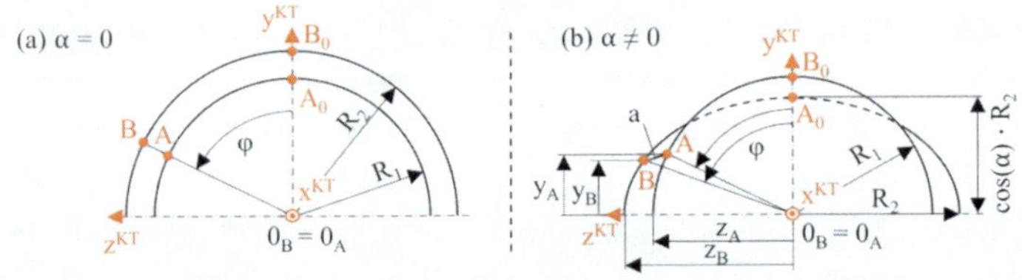

Abbildung 35: Kinematik der Kolben für den nicht verschwenkten (a) und verschwenkten Zustand (b), in Anlehnung an [II93]

Bei einer Drehung des Triebflanschs um den Winkel φ wird die Kolbentrommel um den gleichen Winkel gedreht und die Punkte A_0 und B_0 wandern nach A und B. Dabei ändert sich die projizierte Kolbenlänge b, dargestellt in Abbildung 34, was in Gl. (21) durch die Abweichung Δb ausgedrückt ist und gemäß Gl. (23) berechnet wird [II93].

$$\Delta b = \sqrt{l_K^2 - (R_1 - R_2 \cdot \cos(\alpha))^2} - \sqrt{l_K^2 - \cos^2(\varphi) \cdot (R_1 - R_2 \cdot \cos(\alpha))^2 - \sin^2(\varphi) \cdot (R_2 - R_1)^2} \tag{23}$$

l_K ist die Kolbenlänge und R_1 der Radius des Kreises, auf dem die Kolbenbohrungen in der Kolbentrommel liegen.

Basierend auf der analytischen Beschreibung der Hydrostatkinematik sowie den geometrischen Abmaßen der Einheiten und dem Totvolumen in Mittelstellung V_M, das auf Basis von CAD-Daten ermittelt wird, ergeben sich mit dem Modell der Axialkolbeneinheiten die in Abbildung 36 gezeigten Verläufe des Zylindervolumens. Die Verläufe sind für drei beispielhafte Schwenkwinkel über dem Drehwinkel für die Einheiten H1 und H2 dargestellt.

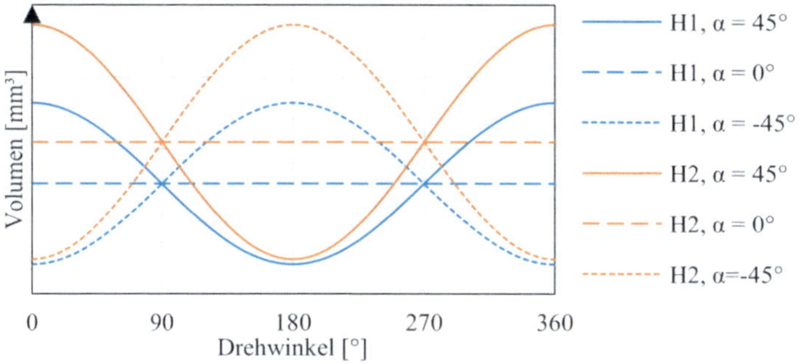

Abbildung 36: Verlauf des Zylindervolumens von H1 und H2

Das Öffnungsverhalten des Umsteuersystems wird mithilfe von Ventilelementen modelliert. Jeder Zylinderraum ist über zwei Ventile mit variabler Öffnungsfläche mit den Kanälen A und B verbunden. Die Öffnungsfläche wurde, wie in Abbildung 37 gezeigt, aus der Geometrie der Kolbenniere und der Geometrie der Steuerscheibe einschließlich der Vorsteuergeometrie, im vorliegenden Fall Vorsteuernuten, abgeleitet, vgl. [IHC04]. In orange ist eine der Kolbennieren dargestellt, die sich im Betrieb auf einer Kreisbahn über die durch Stege verstärkten Steuernieren der Steuerscheibe, dargestellt in grün und violett, bewegt.

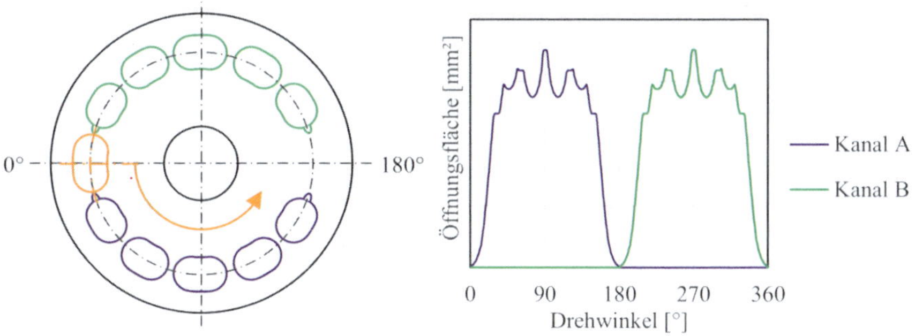

Abbildung 37: Ableitung der Öffnungsfläche des Zylinderraums beim Überfahren der Steuerscheibe

Bei Drehung der Kolbentrommel wird durch die Kolben- und Steuernieren ein drehwinkelabhängiger Querschnitt freigegeben. Wird die Steuerscheibe in Pfeilrichtung überfahren, ergibt sich der in Abbildung 37 rechts aufgetragene Verlauf der Öffnungsfläche. Die Öffnungsflächen sind im Modell den Ventilen der Zylinderräume hinterlegt, die je nach Drehwinkel vorgegeben werden. Mit dieser Methode ist es auch möglich, die Geometrie von Modifikationen an der Steuerscheibe, wie etwa Vorsteuernuten, die einen großen Einfluss auf die Dauer des Druckausgleichsvorgangs und damit auf die Höhe der Druckpulsation haben, zu berücksichtigen.

Das Modell der Axialkolbeneinheiten umfasst jeweils neun variable Zylinderräume mit jeweils zwei variablen Ventilen zu den Kanälen A und B. Das Zylinderraumvolumen sowie die Öffnungsquerschnitte der Anschlüsse zu den Kanälen wird für die neun Kolben mit einem Phasenversatz von jeweils $360°/9 = 40°$ aufgeprägt.

Die Modelle der Axialkolbeneinheiten dienen im übergeordneten Fluidmodell zum Anfahren unterschiedlicher Druckniveaus und zur Abbildung des Pulsationsverhaltens. Die Pulsationen sind maßgeblich bedingt durch die Kompressionsvolumenströme, vgl. Kapitel 2.1.1.1, deren Berechnung im Folgenden verifiziert wird. Hierzu wird im Modell der Axialkolbeneinheit die Leitung hinter der Pumpe verschlossen und der Schwenkwinkel bei drehender Antriebswelle von der Mittelstellung aus erhöht. Hierdurch wird hinter der Pumpe ein Druck aufgebaut, der so weit ansteigt, bis ein Gleichgewicht zwischen Fördervolumenstrom und Kompressionsvolumenstrom besteht. Die sich hierbei einstellende Druckdifferenz, also die Differenz vom mittleren Druck hinter der Pumpe und 20 bar vor der Pumpe, ist in Abbildung 38 exemplarisch für Schwenkwinkel zwischen 0.4 und 0.6° gezeigt.

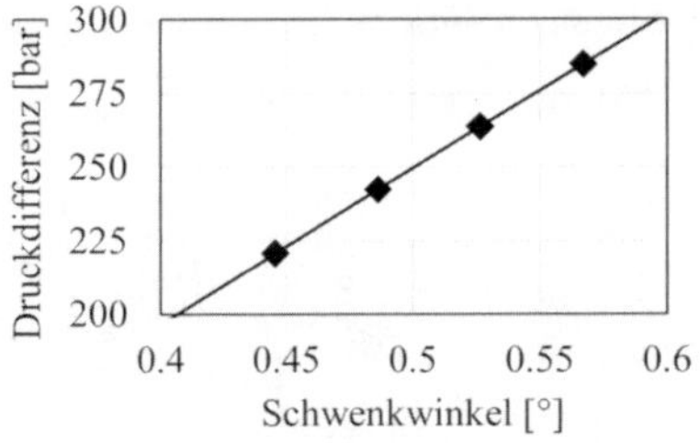

Abbildung 38: Druckaufbau Pumpenmodell mit abgeschlossener Leitung

Zur Verifizierung wird der analytische Zusammenhang des Gleichgewichts aus Förder- und Kompressionsvolumenstrom mit Gl. (24) beschrieben [MUR16].

$$z \cdot n \cdot H_K(\alpha) \cdot \frac{\pi}{4} \cdot d_K^2 = z \cdot n \cdot V_{Komp} \tag{24}$$

Mit $H_K(\alpha)$ aus Gl. (22) und V_{Komp} aus Gl. (2) folgt für α:

$$\alpha = \arcsin\left(\frac{4 \cdot V_M \cdot \Delta p}{R_2 \cdot \pi \cdot d_K^2 \cdot (2 \cdot E_{Öl} - \Delta p)}\right) \tag{25}$$

Bei einer Druckdifferenz von 280 bar und dem Kompressionsmodul $E_{Öl}(300\ \text{bar}) = 14500$ bar, der während der Zustandsänderung konstant angenommen wird, folgt aus Gl. (25) ein Schwenkwinkel von 0.54°. Dieses Ergebnis deckt sich sehr gut mit dem Simulationsergebnis aus Abbildung 38. Bei geöffneter Leitung und gleichbleibendem Druckniveau würde ein Weiterschwenken der Pumpe einen positiven Förderstrom erzeugen. Bei einem Zurückschwenken würden die Kompressionsvolumenströme überwiegen und ein negativer Förderstrom auftreten. Insgesamt bildet das Axialkolbenmodell die aus dem realen System bekannten nichtidealen Zusammenhänge ab, welche für das Anfahren bestimmter Druckniveaus zu berücksichtigen sind.

Im Folgenden werden die mit dem Modell der Axialkolbeneinheit berechneten Pulsationen gezeigt. Hierzu wird ein Betriebspunkt betrachtet, bei dem die Einheit als Pumpe bei einer Drehzahl von 3000 1/min und einem Schwenkwinkel von 15° betrieben wird. Vor der Pumpe werden ein Druckniveau von 25 bar und hinter der Pumpe Druckniveaus von 25, 150 bzw. 275 bar aufgeprägt. Die Leitung hinter der Pumpe schließt mit einem reflexionsfreien Abschluss ab, um reflektierende Wellen im System zu vermeiden. Die für eine Umdrehung resultierenden Volumenströme am Pumpenausgang sind in Abbildung 39 gezeigt.

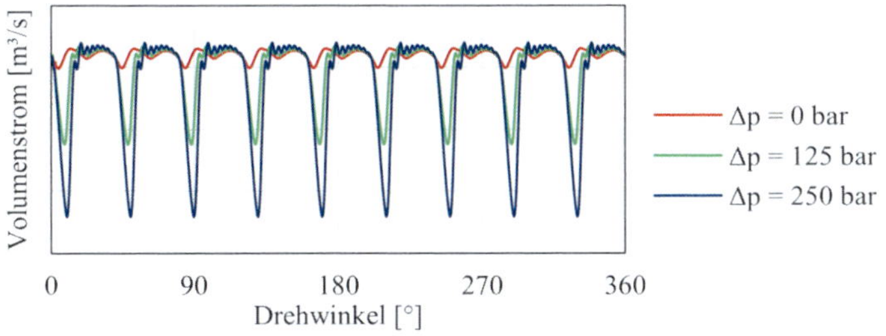

Abbildung 39: Simulierte Pulsationen am Pumpenausgang mit reflexionsfreiem Leitungsabschluss

Im ersten Fall beträgt die Druckdifferenz 0 bar, wodurch das Kompressionsvolumen in den Zylinderräumen nach Gl. (2) zu Null wird. Dadurch treten keine kompressionsbedingten Pulsationen, sondern nur kinematische Pulsationen auf. Wie in Kapitel 2.1.1.1 beschrieben, treten die kinematischen Pulsationen mit der doppelten Kolbenfrequenz, also in diesem Fall mit 18 Pulsationsspitzen pro Umdrehung, auf. Dieses Verhalten wird, wie im Diagramm zu sehen, vom Pumpenmodell korrekt abgebildet. Der kinematisch bedingte Ungleichförmigkeitsgrad beträgt hier nach Gl. (1) etwa 3 %. Nach [MUR16] weist eine Neun-Kolben-Pumpe günstigstenfalls einen kinematischen

Volumenstrompulsationsgrad von 1.5 % auf, was das Simulationsergebnis bestätigt. Mit steigender Druckdifferenz nehmen die kompressionsbedingten Pulsationen zu und übersteigen die kinematischen Pulsationen bei weitem. Wie auch in [MUR16] beschrieben, treten die kompressionsbedingten Pulsationen mit der einfachen Kolbenfrequenz auf. Diese sind, wie auch das in Kapitel 2.1.1.1 beschriebene impulsförmige Anregungsverhalten, in Abbildung 39 an den Spitzen der grünen und blauen Kurve zu erkennen. Bei dem Differenzdruck von 250 bar ergibt sich ein Ungleichförmigkeitsgrad von etwa 27 %. Das deckt sich zum einen mit dem gemessenen Pulsationsgrad einer Neun-Kolben-Pumpe in [MUR16] und bestätigt zum anderen die Aussage, dass „die kompressionsbedingten Pulsationen oft um eine Größenordnung größer als die kinematischen Pulsationen“ [MUR16] sind. Aufgrund dieser Ergebnisse kann von einer realitätsnahen Abbildung des Pumpenmodells ausgegangen werden.

Die Ursache für die hohen Volumenstromschwankungen am Pumpenausgang bei anliegendem Druckgefälle zwischen Hoch- und Niederdruckkanal wird bei der Betrachtung des qualitativen Verlaufs der Strömungsgeschwindigkeiten für einen einzelnen Zylinderraum deutlich, Abbildung 40.

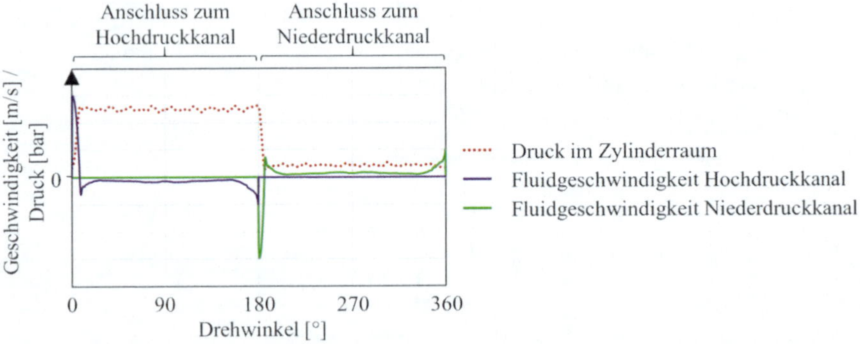

Abbildung 40: Simulierter Druck- und Fluidgeschwindigkeitsverlauf für einen Zylinderraum, nach [PJH+19]

Wie am Druckverlauf (rote Kurve) zu erkennen, ist der Zylinderraum in der ersten Hälfte der Umdrehung mit dem Hochdruckkanal verbunden, in der zweiten Hälfte mit dem Niederdruckkanal. Die violette und die grüne Kurve zeigen die Geschwindigkeiten, die sich im Fluid in den Öffnungsquerschnitten zum Zylinderraum einstellen. Positive Fluidgeschwindigkeiten stellen einen Fluidfluss in den Zylinderraum dar, negative Fluidgeschwindigkeiten entsprechen Fluidfluss aus dem Zylinderraum heraus. Bei den Umsteuervorgängen (Drehwinkel 0° und 180°) wird schlagartig Öl zwischen Zylinderraum und Anschlusskanal ausgetauscht, erkennbar an den Spitzen in den Verläufen der Fluidgeschwindigkeit. Die hierbei ausgetauschte Ölmenge ist abhängig vom Druckgefälle, das beim Umsteuervorgang zwischen Zylinderraum und Anschlusskanal anliegt. Durch die hierbei ausgetauschte Ölmenge wird das Öl im Zylinderraum komprimiert beziehungsweise dekomprimiert und dadurch das Druckgefälle abgebaut. Je höher die anliegende Druckdifferenz ist, und je schneller die Einheit dreht, desto höher sind die maximal auftretenden Fluidgeschwindigkeiten und desto impulsiver ist der Druckwechselvorgang.

In weiteren Untersuchungen wurde der Einfluss von Leckage auf das Pulsationsverhalten herausgestellt. Die Leckage wird in den Zylinderräumen und an der Steuerscheibe durch Hinzufügen von Leckagespalten modelliert, die so angepasst werden, dass die gesamte entstehende Leckagemenge der aus Herstellerangaben bekannten real auftretenden Leckagemenge entspricht. Es zeigt sich nur ein sehr geringer Einfluss der Leckagespalte auf die Pulsationshöhe, was sich mit dem Stand der Technik, vgl. Kapitel 2.1.1.1, deckt. Zur Erhöhung der Berechnungseffizienz wird Leckage daher vernachlässigt. Weitere Details und Untersuchungen sind in [PAS16] gegeben.

Leitungssystem

Die Modellierung des Leitungssystems, also der Kanäle A und B, vgl. Abbildung 12 links, erfolgte mithilfe des Simulationsprogramms GT-SUITE durch Diskretisierung der Kanalgeometrie in finite Volumenelemente. Die komplexe Kanalgeometrie wurde hierzu als Hohlraummodell aus den CAD-Daten des Hydromoduls abgeleitet. Bei der Diskretisierung wird für den eindimensionalen Modellansatz die dreidimensionale Geometrie der Ölkanäle auf eine Dimension reduziert. Zur Überführung der Geometrie steht innerhalb der Simulationsumgebung ein geeignetes Pre-Processing Tool zur Verfügung. Hiermit wird die Leitungsgeometrie zunächst in Einzelabschnitte zerlegt, aus denen wiederrum unter Vorgabe einer Diskretisierungslänge eine finite Volumenstruktur erzeugt wird. Die finiten Volumenelemente werden anschließend unter Berücksichtigung der Geometrie in eindimensionale Elemente überführt. Für Leitungsabschnitte mit mehr als zwei Öffnungen, wie bspw. T-Stücken, wird die Bilanz der Flussgrößen des eindimensionalen Modellansatzes durch zusätzliche Modellannahmen so erweitert, dass die dreidimensionale Beschaffenheit der Geometrie miteinbezogen wird und dass der dreidimensionale Impulserhalt berücksichtigt wird [GAM16].

Die Beschaffenheit der Rohrwandung hat einen Einfluss auf die Reibungseffekte, die in Form von Rohrreibungsmodellen berücksichtigt werden. Bei turbulenter Strömung hängen die Reibungsverluste von der Rauigkeit der Rohrwandung, die durch die Wanderhebung k beschrieben wird, ab. Die betrachtete ölführende Gussstruktur wird nach dem Gießen sandgestrahlt. Dabei ist eine nach DIN EN 1370 definierte Oberflächengüte einzuhalten, die einer mittleren Rauheit R_a entspricht. Mithilfe von [AGW12] kann mit Kenntnis des Rauheitswertes eine Abschätzung der Wanderhebungen k über Gl. (26) durchgeführt werden:

$$k = 5.863 \cdot R_a \tag{26}$$

Das Leitungssystem beinhaltet zur sicheren Funktionserfüllung des geschlossenen hydrostatischen Getriebes ein Einspeise-, Spülungs- und Druckbegrenzungssystem, vgl. Abbildung 12. Diese Systeme werden im Modell funktional beschrieben, um die Strömungsbedingungen in den jeweiligen Betriebspunkten realitätsnah abzubilden. Die Ventile der Systeme sind im geschlossenen Zustand nahezu leckagefrei. Bei der Modellierung wird ebenfalls von Leckagefreiheit ausgegangen. Das Druckbegrenzungssystem ist in den betrachteten Betriebspunkten bis zur Volllastkennlinie geschlossen, weshalb es als Leitungsabschluss modelliert wird. Die Einspeisung und Spülung erfolgt im hydrostatischen Getriebe nur auf der Niederdruckseite; auf der Hochdruckseite sind Speise- und Spülventile stets geschlossen. Das Ventilverhalten wird durch Kennlinienfelder, die den Zusammenhang zwischen Ventildurchfluss und Druckdifferenz enthalten, beschrieben und ist den Ventilmodellen hinterlegt. Vor den Einspeise- und hinter den Spülventilen wird im Modell, in Anlehnung an das reale System, ein konstantes Druckniveau angenommen.

Zur separaten Analyse des Ölleitungsmodells hinsichtlich möglicher Resonanzfrequenzen der Flüssigkeitssäule wird das Übertragungsverhalten in Form von FRFs bestimmt. Hierzu wurde das System mittels einer idealen Volumenstromquelle angeregt und die Systemantwort in Form des resultierenden Fluiddrucks ermittelt. Das Übertragungsverhalten als Verhältnis von Antwort zu Anregung hängt nur von den geometrischen Eigenschaften und den Stoffwerten der Flüssigkeitssäule und nicht von den im Betrieb tatsächlich wirkenden Anregungen ab. In Abbildung 41 sind die bei einem mittleren Druck von 25 bar ermittelten FRFs der Kanäle A und B dargestellt.

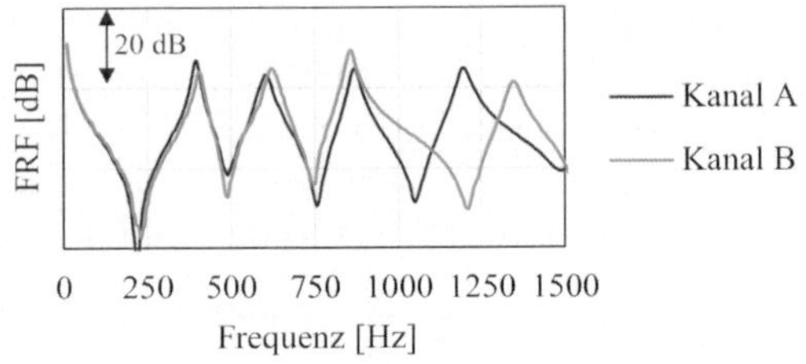

Abbildung 41: Vergleich Übertragungsverhalten von Kanal A und B

Die FRFs weisen aufgrund geometrischer Unterschiede in den Abzweigleitungen beider Kanäle, vgl. Abbildung 12, im höherfrequenten Bereich leichte Unterschiede auf. Beide Verläufe zeigen Resonanzstellen bei etwa 400, 600 und 850 Hz.

Zur Ermittlung der notwendigen Diskretisierungslänge und zur Bewertung von Einflussparametern und Sensitivitäten wurden am Leitungsmodell Parameter- und Verfeinerungsstudien durchgeführt. Zusammenfassend sind die Einflüsse von Leckage und die Schwenkstellung der Schwenkgehäuse auf das Übertragungsverhalten der Ölsäulen sehr gering. Die Betriebsparameter Druck und Temperatur, der Öffnungszustand der Speise- und Spülventile sowie die Geometrie der Abzweigleitungen, also Speise- und Spülleitungen, weisen einen großen Einfluss auf das Übertragungsverhalten auf. [PAS16] Der hohe Einfluss des Drucks und der Temperatur auf das Resonanzverhalten sind in Abbildung 42 gezeigt.

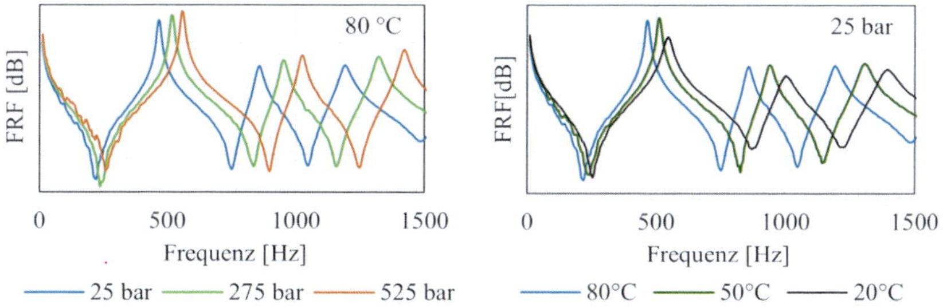

Abbildung 42: Auswirkung von Druck (links) und Temperatur (rechts) auf das Übertragungsverhalten

Eine Zunahme des Druckniveaus sowie eine Abnahme der Temperatur führen zu einer Erhöhung der Resonanzfrequenzen. Die Verschiebung der Resonanzfrequenzen ist in beiden Fällen durch eine Zunahme der Schallgeschwindigkeit, vgl. Gl. (4), zu erklären.

Bei der Berechnung der resultierenden Druckpulsationen im Gesamtsystem wird das nichtlineare Übertragungsverhalten durch die Berechnung im Zeitbereich berücksichtigt. Die Temperatur wird für die folgenden Betrachtungen mit einer Betriebstemperatur von 80°C als konstant angenommen.

Fluidgesamtmodell

Das Fluidgesamtmodell wird durch Kombination beider Leitungs- und Axialkolbenmodelle aufgebaut. Es ermöglicht das Anfahren beliebiger Betriebspunkte zur Bestimmung des resultierenden Systemverhaltens im Zeitbereich. Die unter Volllastbedingungen simulierten Druckpulsationen am Pumpenausgang der H1 für beide Kanäle, siehe Messstellen (3) und (4) in Abbildung 12, sind in Abbildung 43 in Abhängigkeit der Ratio dargestellt.

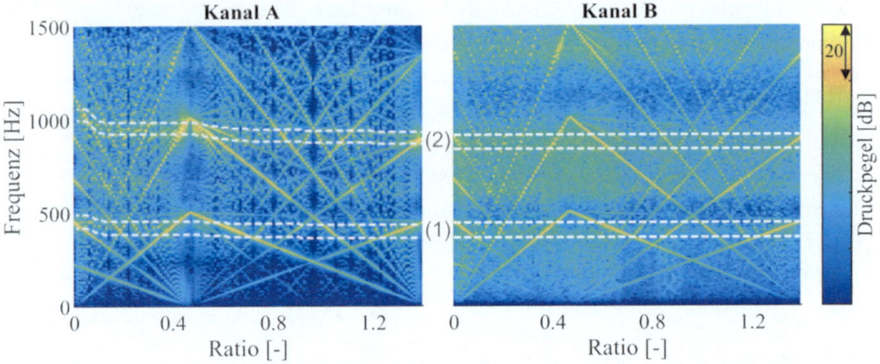

Abbildung 43: Spektrogramm der Druckpulsation in den Ölkanälen hinter der H1 mit hervorgehobenen Resonanzfrequenzen der Ölsäule

Im Spektrogramm sind die Hauptanregungsordnungen sowie die Modulationsordnungen deutlich zu erkennen. Die Anregungsamplituden nehmen mit steigender Drehzahl und höheren Druckdifferenzen zu. Neben den Anregungsordnungen sind in den Spektrogrammen horizontal verlaufende Bänder hoher Amplituden erkennbar, die auf die Resonanzfrequenzen der Ölsäule zurückzuführen sind. Aufgrund der Druckabhängigkeit der Schallgeschwindigkeit des Öls sind die Resonanzfrequenzen im Hochdruckkanal A, in dem der mittlere Druck über der Ratio abnimmt, vgl. Abbildung 13, ebenfalls betriebspunktabhängig. Wie in Abbildung 42 links zu sehen, verschieben sich die Resonanzfrequenzen mit steigendem Druck zu höheren Frequenzen. Die Resonanzfrequenzen der Ölsäule f_R lässt sich näherungsweise mit Gl. (27) beschreiben.

$$f_R(p) = f_R(p_0) \cdot \frac{c_{Öl}(p)}{c_{Öl}(p_0)} \tag{27}$$

Aus Abbildung 41 gehen die Resonanzfrequenzen der Ölsäule bei einem Bezugsdruck p_0 von 25 bar hervor. Zusammen mit den bekannten angefahrenen Volllast-Drücken und der druckabhängigen Schallgeschwindigkeit des Öls kann f_R für alle Betriebszustände berechnet werden. Die analytisch berechneten Resonanzfrequenzen sind in den Spektrogrammen in Abbildung 43, siehe (1) und (2), für Resonanzfrequenzen bei etwa 500 und 1000 Hz eingetragen. Die Resonanzfrequenzen im Hochdruckkanal A weisen über den Betriebsbereich einen Abfall um mehr als 10 % auf. Im Niederdruckkanal B ist der Druck und somit die Resonanzfrequenz konstant. Fallen Anregungs- und Resonanzfrequenzen der Ölsäule zusammen, können die entstehenden Druckpulsationen höher als die direkt von den Einheiten erzeugten Pulsationen ansteigen und es liegt Resonanz vor. Die Simulationsergebnisse zeigen hierbei eine hohe Übereinstimmung zu den nach Gl. (27) analytisch berechneten Resonanzfrequenzen. Die Ergebnisse zeigen, dass das Simulationsmodell das nichtlineare Anregungs- und Übertragungsverhalten des hydrostatischen Getriebes qualitativ richtig abbildet. Eine quantitative Gegenüberstellung und Validierung mit Messergebnissen, die sehr hohe Übereinstimmungen zeigen, sind in Kapitel 4.4.1 dargestellt.

Als Eingangsgröße für die anschließende Kraftberechnung dienen die in den Zylinderräumen berechneten Druckverläufe über dem Drehwinkel, die in Abbildung 44 exemplarisch für einen Zylinderraum der H2 für verschiedene Betriebspunkte unter Volllast-Bedingungen gezeigt ist.

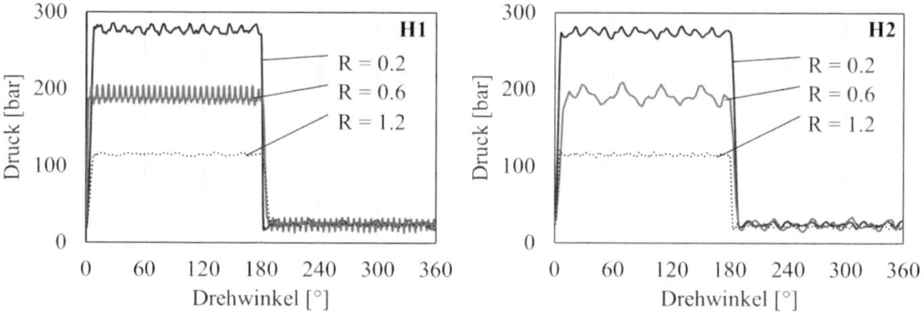

Abbildung 44: Druckverlauf im Zylinderraum von H1 (links) und H2 (rechts) bei unterschiedlicher Ratio

Bei einem Drehwinkel von 0° und 180° erfolgt der Wechsel der Anschlussleitung, wodurch das Druckniveau im Zylinder sprungartig ansteigt bzw. abnimmt. Mit zunehmender Ratio nimmt der mittlere Druck auf der Hochdruckseite ab, während der mittlere Druck auf der Niederdruckseite konstant ist, vgl. Abbildung 13. Die Steigung des Druckverlaufs während des Umsteuervorgangs bestimmt zusammen mit der entsprechenden Hydrostatdrehzahl die Dauer des Druckwechselvorgangs. Je steiler der Druckverlauf und je höher die Drehzahl, desto kürzer ist die Dauer des Druckwechselvorgangs und desto höher und impulsiver sind die resultierenden Kräfte.

In den Bereichen außerhalb der Umsteuerung sind die Zylinderräume mit einem großen Öffnungsquerschnitt mit der Druckleitung verbunden, vgl. Abbildung 37. In diesen Bereichen ist der Druckverlauf im Zylinderraum maßgeblich durch die Druckpulsationen im Leitungssystem geprägt. Bspw. ist bei einer Ratio von 0.6 das Pulsationsverhalten im Leitungssystem aufgrund der hohen H2-Drehzahl und der hohen anliegenden Druckdifferenz durch die H2-Anregungen geprägt. Aufgrund der geringeren H1-Drehzahl treten die H2-Anregungen im Zylinderraum der H1 über eine volle Umdrehung deutlich häufiger auf, vgl. Abbildung 14. Im Zylinderraum der H2 treten die Pulsationen in diesem Betriebspunkt aufgrund der 9 Umsteuervorgänge pro Umdrehung in Abständen von $360°/9 = 40°$ auf.

4.3.2.2 Bestimmung der Anregungskräfte

Die in den Zylinderräumen wirkenden Druckpulsationen führen zu Kraftanregungen der Struktur der hydrostatischen Einheiten. Die Berechnung der resultierenden Anregungskräfte erfolgt basierend auf den vorberechneten Druckverläufen und einer analytischen Beschreibung der Hydrostat-Kinematik mithilfe eines Modells in MATLAB. Zweck des Modells ist die Berechnung der Anregungskräfte an Triebflansch und Schwenkgehäuse in Abhängigkeit des Systemzustands sowie der Export der Kraftverläufe in Form von Kennfeldern. Zur Minimierung des Berechnungsaufwands im EMKS-Modell werden sämtliche Vorberechnungen im MATLAB-Modell durchgeführt. Der Berechnungsablauf des MATLAB-Modells ist in Abbildung 45 dargestellt.

Abbildung 45: Berechnungsablauf des MATLAB-Modells

Als Eingangsgrößen dienen die Geometrieparameter der Einheiten sowie die Kennfelder von Schwenkwinkel, Drehzahl und Druck in den Zylinderräumen. Zunächst erfolgt die Berechnung der aus dem Druck resultierenden Kräfte für jeden Zylinderraum. Anschließend werden aus den Einzelkräften die resultierenden Kräfte und Momente, die auf Triebflansch und Schwenkgehäuse einwirken, berechnet. Die Signale werden gefiltert und in Form von Kennfeldern exportiert.

Im Folgenden wird die Berechnung der resultierenden Anregungskräfte beschrieben. Die mathematische Beschreibung ist im Anhang A.2 näher beschrieben und basiert auf den Grundlagen von [II93] mit Erweiterungen nach [SCH19].

Der Öldruck innerhalb der Kolbenkammern wirkt senkrecht auf die angrenzenden Strukturbauteile. In Abbildung 46 (a) sind für einen Zylinderraum die resultierenden Druckkräfte auf die Struktur dargestellt.

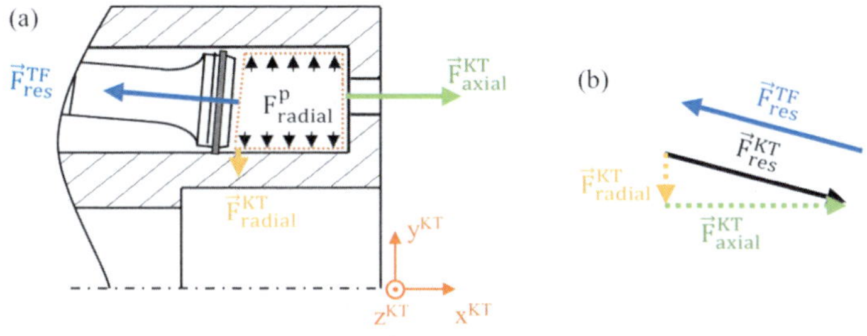

Abbildung 46: Systemgrenze im Zylinderraum (a) und resultierende Kräfte (b), [SCH19]

Die Position und Orientierung von Kolben und Kolbentrommel hängen vom anliegenden Dreh- und Schwenkwinkel ab. Über den Kolben werden die resultierenden Druckkräfte $\vec{F}^{TF}_{res}$ auf den Triebflansch übertragen. Die Orientierung von $\vec{F}^{TF}_{res}$ ist senkrecht zur Kolbenfläche und somit koaxial zur Kolbenachse. Die Achsen von Kolben und Kolbenbohrung sind konstruktionsbedingt zueinander verkippt, vgl. Abbildung 34. Zur Vermeidung von Leckage zwischen Kolbenkopf und Kolbenbohrung sind am Kolbenkopf Kolbenringe eingebracht, die sich bei Schiefstellung ausdehnen und an der Zylinderwandung anliegen. Durch das Ausdehnen vergrößert sich die wirksame Druckangriffsfläche in Form einer Ellipse. Somit hängt auch die wirksame Druckangriffsfläche am Kolbenkopf von den Dreh- und Schwenkwinkeln ab.

In Richtung Kolbentrommel führt der anliegende Kammerdruck zu resultierenden axialen und radialen Druckkräften. Die radialen Druckkräfte F^{p}_{radial} heben sich aufgrund des runden Querschnitts über einen großen Bereich der Kolbenbohrung auf. Im Bereich des schiefstehenden Kolbenkopfes wirken die Druckkräfte nicht über den gesamten Umfang, wodurch sich eine resultierende Radialkraftkomponente $\vec{F}^{KT}_{radial}$ ergibt, die auf die Kolbentrommel wirkt. Die resultierenden axialen Druckkräfte $\vec{F}^{KT}_{axial}$ wirken senkrecht zum Kammerboden und somit in Richtung der Kolbenbohrung. Sie setzen sich aus Druckkräften zusammen, die auf den Kolbenboden und in Abhängigkeit des Drehwinkels auf die Stege der Steuerscheibe und auf die Ölsäule wirken. Eine Aufteilung von $\vec{F}^{KT}_{axial}$ in die unterschiedlichen Kraftkomponenten sowie die Berücksichtigung zusätzlicher Dämpfungsterme der Kraftkomponenten ist im Modell möglich, vgl. [SCH19]. Für die folgenden Betrachtungen wird angenommen, dass $\vec{F}^{KT}_{axial}$ vollständig und ohne zusätzliche Dämpfung auf die Struktur des Schwenkgehäuses übertragen wird. Die Summe aus $\vec{F}^{KT}_{radial}$ und $\vec{F}^{KT}_{axial}$ steht mit $\vec{F}^{TF}_{res}$ im Gleichgewicht, siehe Abbildung 46 (b). Die Einhaltung dieses Gleichgewichts ist notwendig, um mit dem entwickelten Kraftelement in der MKS ein in sich geschlossenes physikalisches System abzubilden.

Im Anschluss an die Berechnung der resultierenden Druckkräfte pro Zylinderraum werden diese für alle neun Zylinderräume zusammengefasst und in gemeinsame Kraftangriffspunkte konzentriert. Das Zusammenfassen der örtlich verteilten Kräfte ist zulässig, da im relevanten Frequenzbereich kein Eigenverhalten von Triebflansch bzw. Kolbentrommel auftritt. Durch das Zusammenfassen wird die Anzahl der notwendigen Kennfelder und Interpolationen im MKS-Modell und somit die auszutauschende Datenmenge und Rechenzeit reduziert. Die aus dem Fluiddruck resultierenden Kräfte in den Zylinderräumen werden mit den jeweiligen Hebelarmen in Form dreidimensionaler Kräfte und Momente in den Mittelpunkten von Triebflansch bzw. Steuerscheibe zusammengefasst, vgl. Abbildung 47.

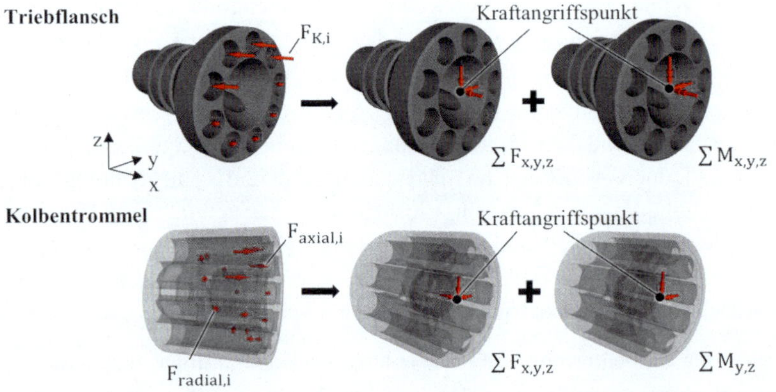

Abbildung 47: Zusammenfassen der Anregungskräfte an Triebflansch und Kolbentrommel, [SCH19]

Mittels Drehmatrizen werden die resultierenden Kräfte in die mitbewegten Koordinatensysteme von Triebflansch und Schwenkgehäuse transformiert. Vor dem Kennfeld-Export werden mithilfe einer Signalfilterung höherfrequente Signalbestandteile, die unter Berücksichtigung des Nyquist-Shannon-Abtasttheorems deutlich oberhalb des relevanten Frequenzbereichs liegen, eliminiert. Hierdurch wird vermieden, dass hohe Frequenzanteile des Anregungssignals im MKS-Modell zu einer Verringerung der Schrittweite und somit zu einer Erhöhung der Simulationszeit führen.

Die Ergebnisse der Kraftberechnung werden für sämtliche relevanten Drehwinkel, Schwenkwinkel und Lasten in Form von für die MKS lesbaren Kennfelder geschrieben und exportiert.

4.3.2.3 Nutzerspezifisches Kraftelement zur Kraftaufprägung

Die MKS bietet dem Nutzer die Möglichkeit, über Programmierschnittstellen nutzerspezifische Berechnungsroutinen zur Erweiterung der softwareseitig bereitgestellten Modellbibliothek einzubinden. Die Schnittstelle ermöglicht es, in jedem Zeitschritt der Simulation auf Zustandsgrößen und Parameter des Modells zuzugreifen und Einfluss zu nehmen [DAS20].

Das im Rahmen dieser Arbeit entwickelte nutzerspezifische Kraftelement in der MKS dient zum Auslesen, Interpolieren und Aufprägen der vom Betriebs- und Systemzustand abhängigen Anregungskräfte im Zeitbereich. Das entwickelte Kraftelement spiegelt die Kraftkopplung sowohl innerhalb der Einheiten zwischen Zylinderblock und Steuerscheibe als auch zwischen den beiden Einheiten wieder. Hierzu greift das Kraftelement über sogenannte Marker an den Kraftangriffspunkten der Triebflansche und Steuerscheiben an. Die vorberechneten Kennfelder werden im Modell hinterlegt. Bei der Zeitbereichsrechnung wird im Kraftelement zu jedem Zeitschritt ein Berechnungsschritt durchgeführt. Hierbei werden entsprechend der ausgelesenen Zustände die Kennfelddaten abgerufen, ggf. interpoliert und auf die Kraftangriffspunkte verteilt. Weitere Umrechnungen während der Zeitbereichsrechnung sind durch die vorgelagerte Berechnung und Datenaufbereitung nicht notwendig. Mithilfe von Zugriffsfunktionen erfolgt die Kraftaufprägung in allen Freiheitsgraden auf die Kraftangriffspunkte. Die Kräfte werden entsprechend der relativen Marker-Koordinaten aufgeprägt, wodurch die Kraftaufteilung auch bei Verkippen der Körper entsprechend der realen Situation sichergestellt ist.

Im Folgenden werden die durch das entwickelte Kraftelement auf die Struktur aufgeprägten Kraftverläufe unter idealen Bedingungen ohne wechselseitige Beeinflussung der Einheiten gezeigt und diskutiert. In Abbildung 48 ist beispielhaft für einen Volllastbetriebspunkt bei $R = 0.8$ der Verlauf der Kraft, die in x-Richtung auf die Steuerscheibe der H1 wirkt, und in Abbildung 49 der Momentenverlauf um die z-Richtung gezeigt.

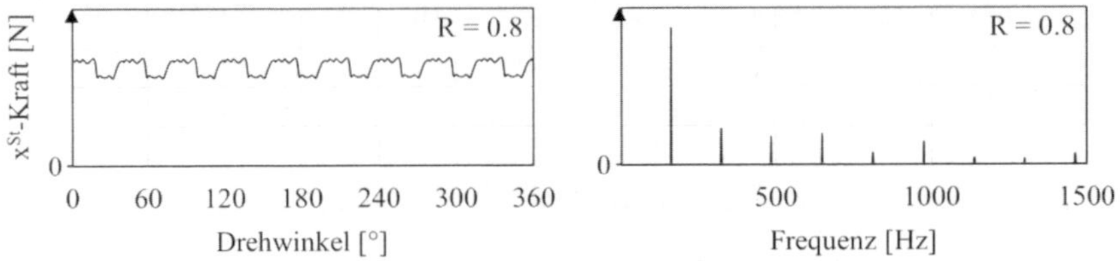

Abbildung 48: Kraft in x-Richtung an Steuerscheibe H1 über dem Drehwinkel (links) und der Frequenz (rechts)

In dem drehwinkelabhängigen Kraftverlauf sind Schwankungen des Grundniveaus zu erkennen, die sich alle 40°, also 9-mal pro Umdrehung, wiederholen. Die Ursache für das wechselnde Kraftniveau liegt in der wechselnden Anzahl der mit dem Hochdruckkanal verbundenen Zylinderräume. Durch die ungerade Kolbenanzahl von 9 Kolben sind teilweise 4 und teilweise 5 Kolben mit Hochdruck beaufschlagt, was zu den Schwankungen des mittleren Kraftniveaus führt. Aufgrund der 9 maßgeblichen Schwankungen pro Umdrehung regt die gezeigte Kraftkomponente dominant mit der ersten Kolbenordnung an. Die ausgeprägte erste Anregungsordnung wird auch in der spektralen Darstellung deutlich, Abbildung 48 rechts.

Der in Abbildung 49 links dargestellte drehwinkelabhängige Verlauf des Moments um die z-Achse an der Steuerscheibe weist 18 maßgebliche Schwankungen auf.

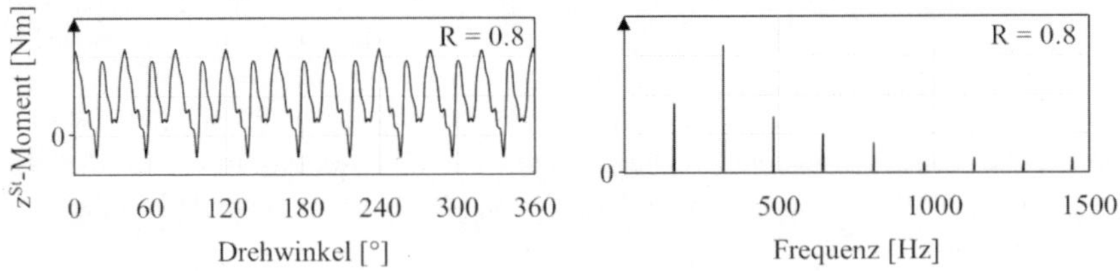

Abbildung 49: Moment um z-Achse an Steuerscheibe H1 über dem Drehwinkel (links) und der Frequenz (rechts)

Die Ursache für die 18 Schwankungen pro Umdrehung liegt ebenfalls an Kraftverlagerungen über dem Drehwinkel und der unterschiedlichen Anzahl der mit Hochdruck beaufschlagten Kolbenkammern. Der Kräfteschwerpunkt der senkrecht auf die Steuerscheibe, also in x-Richtung, wirkenden Kräfte, folgt über einer Drehung von 40° einer schmetterlingsförmigen Laufbahn. Eine solche Laufbahn des Kräfteschwerpunkts in der y-z-Ebene ist qualitativ in Abbildung 50 dargestellt.

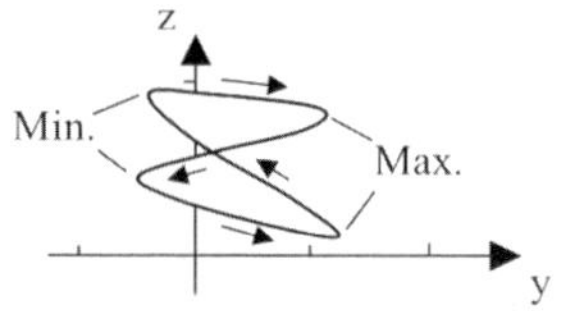

Abbildung 50: Laufbahn des Kräfteschwerpunkts der Kräfte in x-Richtung, in Anlehnung an [II93]

Die Verlagerung des Kräfteschwerpunktes verursacht eine Veränderung der Hebelarme der resultierenden Momente. Für das in Abbildung 49 dargestellte Moment um die z-Achse ist der Hebelarm in y-Richtung relevant. Dieser durchläuft innerhalb der 40° Drehung zwei Maxima und zwei Minima, was sich im Momentenverlauf wiederfinden lässt. Das Moment um die z-Achse regt daher, wie auch in Abbildung 49 rechts in der spektralen Darstellung zu erkennen, maßgeblich mit der zweiten Kolbenordnung an.

Insgesamt ergeben sich je nach Kraftkomponente unterschiedliche dominante Anregungsordnungen. Bei den Kräften in x- und y-Richtung am Triebflansch sowie bei der Kraft in x-Richtung an der Steuerscheibe dominiert die erste Anregungsordnung. Bei allen anderen Kraftkomponenten dominiert die zweite Anregungsordnung.

Mit der aufgezeigten Berechnungskette bestehend aus Fluidsimulation, Kraftberechnung und MKS-Kraftelement können die hydrostatischen Anregungskräfte effizient in der MKS für Zeitbereichsrechnungen berücksichtigt werden. Durch die Vorberechnungen und den Kennfeldansatz werden sämtliche aufwändige Rechnungen vorab durchgeführt. Hierdurch kann die Berechnungszeit in der MKS auf ein Minimum reduziert und so die Gesamteffizienz erhöht werden, was die Eignung für die Einbindung in Modelle auf Systemebene gewährleisten soll.

4.3.3 Strukturdynamisches Modell

Zweck des Modells ist die Abbildung der Strukturdynamik sämtlicher Komponenten, die in den relevanten Transferpfaden von den Hydrostaten bis zum Kabinenrahmen liegen, sowie von Komponenten, die das Eigenverhalten der Übertragungsstruktur maßgeblich beeinflussen. Hinsichtlich der Genauigkeit erfolgt die strukturdynamische Modellierung der innerhalb der relevanten Transferpfade liegenden Komponenten in Form von flexiblen Körpern und Kopplungselementen für den relevanten Frequenzbereich bis 1500 Hz. Peripherieelemente, die nicht im direkten Transferpfad liegen und insbesondere durch Masse- und Trägheitseinfluss das Eigenverhalten der Übertragungsstruktur beeinflussen, werden vereinfacht in Form von Starrköpern mit Punktmassen und Trägheiten modelliert, wie bspw. die VKM, Ventilblöcke, Reifen und Hilfsaggregate.

Das strukturdynamische Verhalten wird in einem EMKS-Modell beschrieben. Abbildung 51 gibt einen Überblick über das entwickelte strukturdynamische Gesamtmodell.

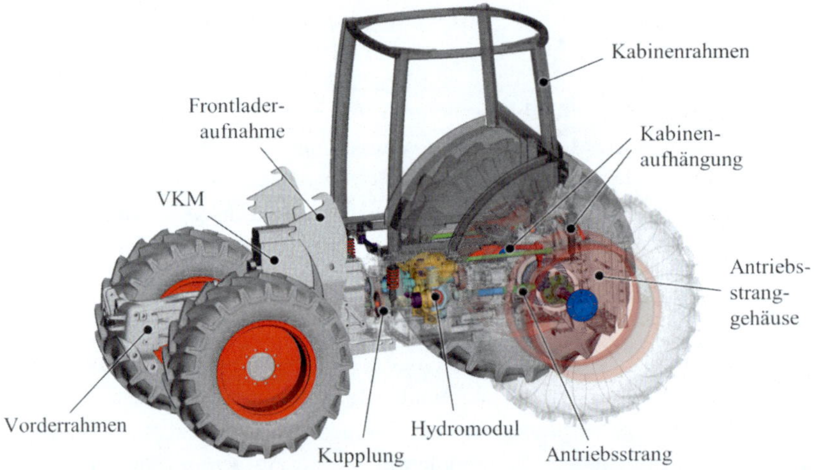

Abbildung 51: EMKS Gesamtmodell

Zur Sicherstellung einer hohen Modellgüte bei der erforderlichen hohen Modellgröße und -komplexität wurde im Zuge der Modellbildung ein Bottom-Up-Ansatz verfolgt, vgl. [HPD+19, WEG17, NEH12]. Dieser Ansatz umfasst eine Modellierung und parallele experimentelle Validierung beginnend mit der Einzelkomponente bis hin zum Gesamtsystem.

4.3.3.1 Linear-elastische Komponenten

Linear-elastische Komponenten, die im direkten Transferpfad von den Hydrostaten bis zur Kabine liegen, werden im EMKS-Modell in Form flexibler Körper berücksichtigt. Zu diesen Komponenten zählen das Hydromodul mit den verstellbaren Schwenkgehäusen, die Gehäusekomponenten von LVG und Hinterachsgetriebe, die mechanischen Antriebsstrangkomponenten sowie der Kabinenrahmen. Der Vorderrahmen und die Frontladeraufnahme werden aufgrund ihres Einflusses auf das globale Schwingungsverhalten des Gehäuseverbundes ebenfalls in Form flexibler Körper modelliert. Zur Modellbildung der flexiblen Körper werden die einzelnen Komponenten zunächst in der FEM abgebildet, zu Baugruppen zusammengefasst und reduziert, siehe Abbildung 52.

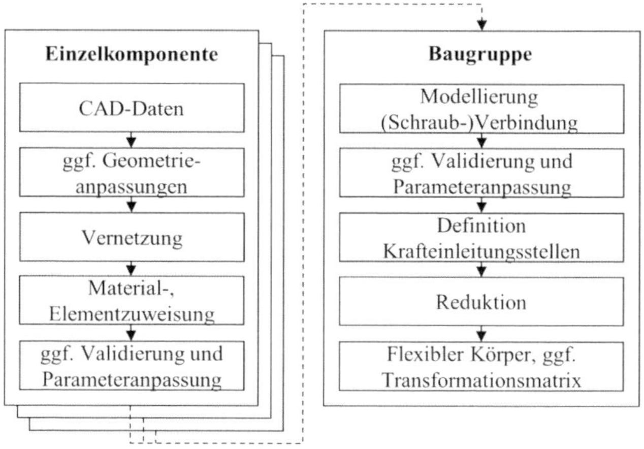

Abbildung 52: Vorgehen in der FEM zur Modellbildung flexibler Körper für die EMKS

Die CAD-Daten der Einzelkomponenten werden in der FE-Umgebung importiert und vernetzt. Zur Vermeidung verzerrter Elemente oder sehr kleiner Elementgrößen sind ggf. Geometrieanpassungen im Bereich kleiner Rundungen oder Bohrungen, die einen zu vernachlässigenden Einfluss auf die Strukturdynamik haben, durchzuführen. Zur Gewährleistung einer hohen Abbildungsgenauigkeit der komplexen Geometrie der Gehäusekomponenten erfolgt die Modellierung mit einem relativ feinen Netz linearer Elemente mit durchschnittlichen Kantenlängen von 4-5 mm. Durch die Nutzung von linearen Elementen kann die Rechenzeit gegenüber quadratischen Elementen mit größeren Kantenlängen und ähnlicher Abbildungsgenauigkeit reduziert werden, wobei zwischen beiden Methoden die Abweichungen in den Eigenfrequenzen für die untersuchten Bauteile unter 1 % liegen, vgl. [SDS17].

Mithilfe numerischer Modalanalyse (NMA) erfolgt die Berechnung von Eigenfrequenzen und Eigenmoden, auf deren Basis Anregungs- und Antwortpunkte für die Validierungsmessungen ermittelt werden, vgl. Kapitel 4.2.3. Bei Abweichungen zwischen messtechnisch und simulativ ermittelten Eigenfrequenzen werden typischerweise die Werkstoffkennwerte, wie der E-Modul, angepasst. Zusätzlich wird für jede Komponente ein Abgleich der Masse durchgeführt und ggf. die Dichte angepasst. Nach einer Validierung, vgl. Kapitel 4.4.2, und ggf. Parameteranpassung auf Komponentenebene erfolgt die Zusammenführung zu Baugruppen.

Die Gehäusekomponenten sind mit einer Vielzahl von Schraubenverbindungen kraftschlüssig miteinander verbunden. Zur strukturdynamischen Modellierung von Schraubenverbindungen in der FEM existieren unterschiedliche Ansätze und Detaillierungsgrade, vgl. [JSJ15, NEH12, SKS01]. Diese unterscheiden sich vor allem in der Anzahl der modellierten Kopplungen pro Schraubenverbindung und dem Detailgrad des Schraubenkörpers, wobei auf eine detaillierte Abbildung des Gewindes typischerweise verzichtet wird. Ein typischer Ansatz, mit Berücksichtigung des Schrauben-, Grund- und Gegenkörpers sowie deren Kopplung untereinander, ist als Variante 1 in Abbildung 53 links dargestellt. Zur Berücksichtigung des Einflusses der Schraubenvorspannung erfolgt die Kopplung zwischen Grund- und Gegenkörper in der Kontaktstelle im Bereich hoher Pressungen, siehe (1) in Abbildung 53. Dieser Bereich wird mit dem dreifachen Schraubendurchmesser angenähert, vgl. [NEH12]. Die Kopplung des Schraubenkörpers erfolgt im Bereich der obersten drei Gewindegängen des Grundkörpers, (2), und im Bereich der Kopfauflage des Gegenkörpers, (3). Die Kopplung der Oberflächen erfolgt durch eine unendlich steife Verbindung der nah beieinander liegenden Knoten mithilfe sogenannter Tie-Constraints.

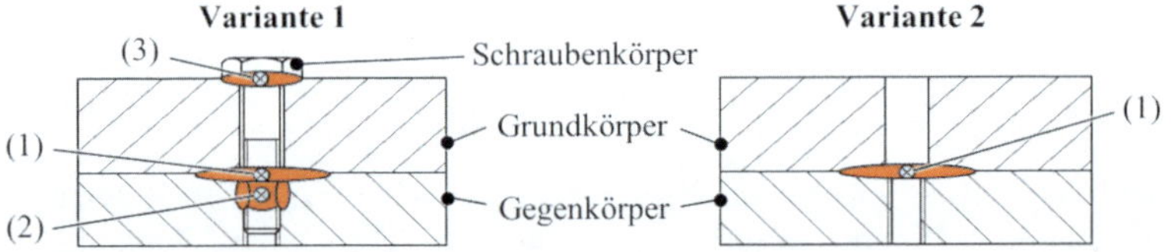

Abbildung 53: Modellierungsmethoden von Schraubverbindungen

Die Wahl der Modellierung hängt vom betrachteten System und insbesondere von den Werkstoffpaarungen, der Schraubenanzahl sowie dem betrachteten Frequenzbereich ab. Bspw. wurde in [WEG17] zur Modellierung der Schraubenverbindungen zwischen dünnwandigen Aluminiumgehäuseteilen des PKW-Antriebsstrangs die Notwendigkeit der Modellierung nach Variante 1 herausgestellt. Für die dickwandigen Gusskomponenten des Traktorgehäuses wurde die aufwendige Modellierungsvariante 1 einem vereinfachten Ansatz gegenübergestellt, Variante 2 in Abbildung 53. Bei der vereinfachten Variante erfolgt die Verbindung der Komponenten im Bereich des dreifachen Schraubendurchmessers in der Kontaktstelle, wobei auf die zusätzliche Modellierung des Schraubenkörpers, sowie dessen Kopplung im Bereich des Gewindes und an der Kopfauflage verzichtet wird. In [VON18, SDS17] ist für unterschiedliche Baugruppen des Traktorgehäuses gezeigt, dass die Modellierung von Schraubverbindungen nach Variante 2 ausreicht und die zusätzliche Modellierung des Schraubenkörpers sowie dessen Kopplung im Bereich des Gewindes und an der Kopfauflage in maximalen Eigenfrequenzänderungen von unter 0.8 % resultieren. Als Grund hierfür sind vor allem die im Verhältnis zu den massiven Gussbauteilen kleinen Zusatzmassen und Versteifungen, die aus der zusätzlichen Berücksichtigung der Schraubenkörper resultieren, zu nennen. Der vereinfachte Ansatz stellt insbesondere vor dem Hintergrund mehrerer

Hundert Schrauben innerhalb der Gehäusestruktur eine hohe Effizienzsteigerung der Modellierung dar.

Nach der Zusammenführung zu Baugruppen erfolgt ggf. eine erneute Validierung und Parameteranpassung auf Baugruppenebene, vgl. Abbildung 52. Anschließend werden die Krafteinleitungsstellen, wie bspw. Lagerstellen, als Schnittstellenfreiheitsgrade (Interface-DOFs) definiert. Die Interface-DOFs besitzen drei translatorische und drei rotatorische Freiheitsgrade und werden mithilfe von kraftverteilenden Kopplungselementen (Distributing Couplings) mit den Wirkflächen gekoppelt. Die Reduktion der FE-Modelle erfolgt mittels des für die vorliegende Problemstellung gängigen Reduktionsverfahrens nach CRAIG-BAMPTON, vgl. [CB68]. Das auch als „gemischt statisch-modale Reduktion" bekannte Verfahren kombiniert die Vorteile statischer und modaler Methoden und bildet neben dem statischen Verhalten durch die Berücksichtigung modaler Freiheitsgrade auch das dynamische Verhalten mit hoher Genauigkeit in einer recheneffizienten Form ab, vgl. [WDS07]. Die Anzahl der bei der modalen Reduktion berücksichtigten Eigenmoden hängt vom gewählten Frequenzbereich ab und sollte nach [YH00] mindestens die 1.5-fache Modenanzahl, auch Modenbasis genannt, des relevanten Frequenzbereichs umfassen. Bei der Reduktion bleiben die zuvor definierten Interface-DOFs für relevante Krafteinleitungsstellen an der reduzierten Struktur erhalten. Das dynamische und quasi-statische Verhalten zwischen den Interface-DOFs wird über Eigenmoden und Residualmoden berücksichtigt. Das Antwortsignal eines Interface-DOFs umfasst die Starrkörperbewegung, die quasistatische Verformung und auch das dynamische Verhalten des gewählten Frequenzbereichs. Die Antwortsignale an den Interface-DOFs stehen nach der Zeitintegration in der EMKS direkt zur Verfügung. Die Bestimmung von Antwortsignalen an weiteren Positionen des FE-Netzes, an denen keine Interface-DOFs definiert sind, kann mithilfe der Transformationsmatrix (engl. recovery matrix) erfolgen, vgl. [DAS19]. Die Transformationsmatrix kann für vorausgewählte Knoten des FE-Netzes während der Reduktion mitberechnet werden. Beim vorliegenden Modell wurden Knoten schallabstrahlender Oberflächen der Gehäusestruktur für die Transformationsmatrix berücksichtigt, um die zur Berechnung des abgestrahlten Luftschalls, vgl. Kapitel 4.3.4, benötigten räumlich hoch aufgelösten Oberflächenschnellen effizient zu ermitteln.

Zur Ermittlung notwendiger Modellierungsdetailgrade wurde der strukturdynamische Einfluss des Öls, das sich in den Verbindungsleitungen des Hydromoduls befindet, untersucht. Zusammenfassend konnte sowohl messtechnisch als auch simulativ unter Berücksichtigung von Fluid-Struktur-Interaktion im relevanten Frequenzbereich nur geringfügige Einflüsse identifiziert werden, vgl. [SEI18]. Dies ist vor allem an dem geringen Ölvolumen im Verhältnis zu den dickwandigen Leitungswandungen der massiven Gussbauteile zu erklären. Auf eine Berücksichtigung von Fluid-Struktur-Interaktion kann daher im Gesamtmodell verzichtet werden.

4.3.3.2 Kopplungselemente

Im EMKS-Modell werden die Kopplungsbeziehungen zwischen den linear-elastischen Komponenten, wie Wälzlager, Elastomerbuchsen und Verzahnungen, in Kraftelementen beschrieben. Am Beispiel des EMKS Modells der innenliegenden Antriebsstrangkomponenten des LVG sind in Abbildung 54 die unterschiedlichen verwendeten Kopplungselemente dargestellt, die im Folgenden näher vorgestellt werden.

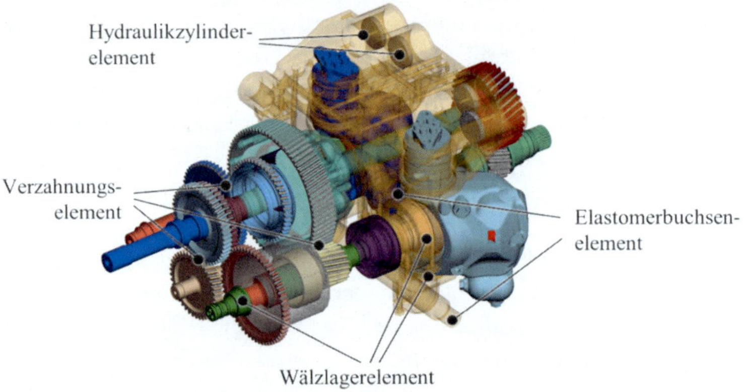

Abbildung 54: Kopplungselemente im EMKS Modell von LVG-Antriebsstrang und Hydromodul

Zweck der Wälzlagerelemente ist die Abbildung des Steifigkeits- und Übertragungsverhaltens der Wälzlagerung zur Berücksichtigung der Wechselwirkungen zwischen dem mechanischen Antriebsstrang und der Gehäusestruktur in Abhängigkeit der anliegenden Lagerlasten. Die Modellierung erfolgt mithilfe eines bestehenden Kraftelements, das die Abbildung des lastabhängigen Steifigkeitsverhaltes durch die Berücksichtigung der Hertz'schen Pressung pro Wälzkörper lokal an den Kontaktstellen ermöglicht, vgl. [DAS20]. Die resultierenden Kräfte werden konzentriert im Kraftangriffspunkt der Lagerringe aufgeprägt, da die Deformation der Lagerringe und somit die Notwendigkeit lokal pro Wälzkörper angreifender Kräfte im betrachteten System vernachlässigt werden kann, was der typischen Modellierungsmethode im Bereich von Fahrzeugantriebsträngen entspricht, vgl. [NEH12]. Die Parametrierung erfolgt auf Basis der Geometriedaten, wobei Lagerspiele sowie Vorspannungen für angestellte Lageranordnungen berücksichtigt werden können.

Die Verzahnungselemente dienen zum einen zur Abbildung der Übersetzung und Vorlasten im mechanischen Antriebsstrang durch Aufprägung der aus den Zahneingriffen resultierenden Verzahnungskräfte und zum anderen zur Abbildung des aus den Verzahnungseingriffen resultierenden Steifigkeits- und Übertragungsverhaltens zur Berücksichtigung von Eigenverhalten und Wechselwirkungen. Zur Modellierung wird ein bestehendes Kraftelement genutzt, das basierend auf den Verzahnungsgeometrien und -steifigkeiten sowie den anliegenden Drehmomenten unter Berücksichtigung des Verdrehflankenspiels die resultierenden Tangential-, Radial- und Axialkräfte berechnet, vgl. [DAS20]. Die Verzahnungssteifigkeit wird konstant angenommen, um Anregungen aus der Verzahnung, die nicht Fokus der vorliegenden Analyse sind, zu vermeiden. Die Berücksichtigung von dynamischen Steifigkeiten würde bei der hohen Zahl an Verzahnungsstufen des mechanischen Antriebsstrangs zu erheblichen Steigerungen der Rechenzeiten führen.

Zweck der Kraftelemente der Elastomerbuchsen ist die Abbildung des messtechnisch ermittelten Steifigkeits- und Dämpfungsverhaltens zur Berücksichtigung des Übertragungsverhaltens und der Wechselwirkungen im relevanten Frequenzbereich. Die Messungen zeigen im Frequenzbereich bis 1500 Hz kein relevantes Eigenverhalten der Elastomere und vernachlässigbare Last- und Amplitudenabhängigkeit, vgl. Kapitel 4.2.4, was in der geringer Wandstärke der Elastomerzwischenlage in den Buchsen und somit in dem steifen Aufbau begründet ist. Zur Modellierung der Elastomerbuchsen werden daher lineare Feder-Dämpfer-Elemente genutzt. Zur Ermittlung der Steifigkeits- und Dämpfungsparameter wird der Prüfstandsaufbau der Shakermessung modelliert und analog zur Messung werden simulativ die FRFs bestimmt. Durch einen Fitting-Prozess werden die Steifigkeits- und Dämpfungsparameter durch Abgleich der FRFs aus Messung und Simulation iterativ ermittelt, Abbildung 55.

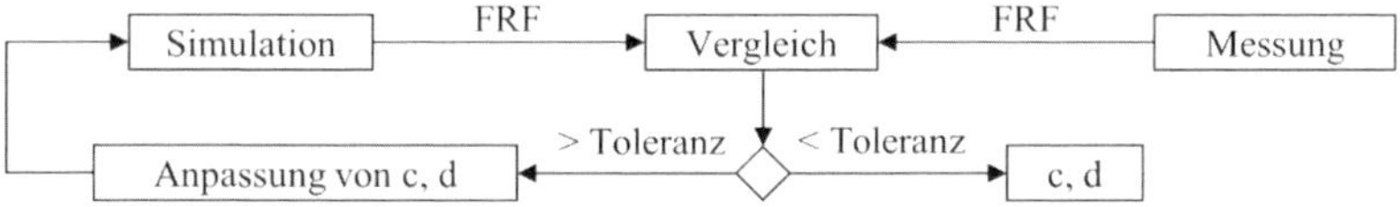

Abbildung 55: Fitting-Prozess zur Parameterermittlung der Elastomerbuchsen

Die Kraftelemente der Hydraulikzylinder des Stellsystems dienen zur Abbildung des Übertragungsverhaltens der Ölsäule im Zylinderraum sowie dem Einstellen der Schwenkstellung der Schwenkgehäuse. Die gegenläufigen Hydraulikzylinder werden mithilfe linearer Federelemente mit einer hubabhängigen Federsteifigkeit gemäß Gl. (28) modelliert.

$$c_{\text{Ölfeder}} = E'_{\text{Öl}} \cdot \frac{A_K}{h(\alpha)} \tag{28}$$

A_K ist die Kolbenfläche und $h(\alpha)$ der vom Schwenkwinkel abhängige vorgegebene Kolbenhub. Der Ersatzkompressionsmodul des Öls $E'_{\text{Öl}}$ wird aufgrund des anliegenden konstanten Steuerdrucks als konstant angenommen.

Durch FRF-Vergleiche bei unterschiedlichen Schwenkstellungen wird die Notwendigkeit der detaillierten Modellierung des Schwenksystems sowie die Verschwenkung über den Ratio-Bereich herausgestellt. In Abbildung 56 sind exemplarisch FRFs zwischen einem Anregungspunkt auf der Steuerplatte der H2 und der Beschleunigungsantwort auf dem Getriebegehäuse an der unteren rechten Elastomerbuchse in x-Richtung für zwei Schwenkwinkelkombinationen beim Anfahren (R = 0) und bei Maximalgeschwindigkeit (R = 1.4), vgl. Abbildung 10, gegeben.

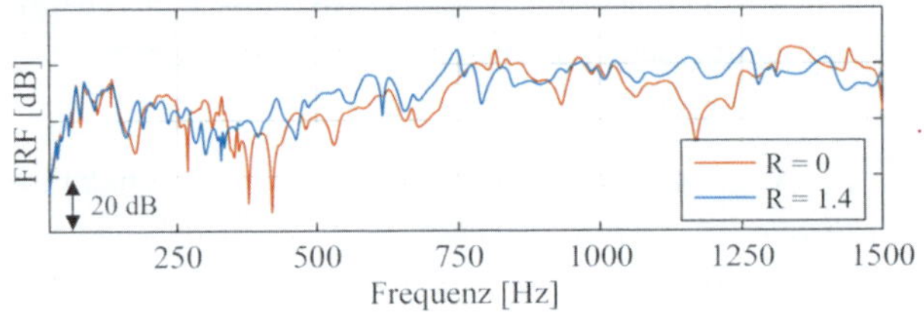

Abbildung 56: FRF Vergleich für unterschiedliche Schwenkstellungen

Ab etwa 200 Hz zeigen sich deutliche Frequenz- und Amplitudenabweichungen. Die Unterschiede sind durch die großen Massen und Trägheiten der Schwenkgehäuse zu erklären, da sich beim Verschwenken sowohl der Schwerpunkt als auch der Trägheitstensor verändert. Die über dem Betriebsbereich nichtlineare Änderung der Strukturdynamik durch die Schwenkwinkelstellungen und das Schwenksystem sind daher im Gesamtmodell zu berücksichtigen.

4.3.4 Abstrahlungsmodell

Zweck des akustischen Modells ist die Berechnung des vom Getriebegehäuse abgestrahlten Luftschalls an definierten Empfängerpunkten in der Umgebungsluft. Das Abstrahlungsmodell umfasst die Gehäuseoberseite, die aufgrund ihrer Nähe zur Kabine bezüglich der Luftschallanregung und somit des Schalleintrags in die Kabine besonders relevant ist. Hinsichtlich der Genauigkeit erfolgt die Abstrahlungsrechnung für den relevanten Frequenzbereich bis 1500 Hz. Zur Erzielung einer möglichst effizienten Abstrahlungsrechnung wird der in Kapitel 2.1.2.3 vorgestellte ATV-basierte Berechnungsansatz verfolgt.

Im Hinblick auf die vorliegende Untersuchung weist das Getriebegehäuse eine großflächige und geometrisch komplexe Außenkontur auf. Die interessierenden Empfängerpunkte befinden sich nahe der Abstrahlungsfläche. Aufgrund des hohen Verhältnisses von Oberfläche zu Volumen des zu modellierenden Luftraums wird für den vorliegenden Anwendungsfall durch die Verwendung der FEM ein vergleichbarer oder sogar geringerer Rechenaufwand erwartet als durch die Verwendung der BEM, vgl. Kapitel 2.1.2.4. Zudem liegen von der strukturdynamischen Modellierung die Gehäusebaugruppen mit den relevanten schallabstrahlenden Oberflächen in Form von FE-Modellen vor. Diese Modelle können wiederverwendet werden, um das akustische Modell zu erstellen, das an den Innenflächen ein "Negativ" der Gehäusestruktur darstellt. Gleichzeitig bietet die Modellierung von Strukturdynamik und Abstrahlung innerhalb der gleichen Simulationsumgebung die Möglichkeit der Schaffung einer durchgängigen Schnittstelle, sodass beide Modelle direkt miteinander gekoppelt werden können. Mithilfe der durchgängigen Schnittstelle sollen die bspw. in [JDM+19] beschriebenen Schwierigkeiten in der Kopplung von Struktur- und Luftnetzknoten und die hiermit einhergehende Vielzahl benötigter Bearbeitungsschritte in unterschiedlichen Softwareumgebungen überwunden werden. Aufgrund des Rechenaufwands, der Widerverwendung vorhandener Modelle und der Möglichkeit einer durchgängigen Schnittstelle innerhalb einer Simulationsumgebung wird für die Abstrahlungsrechnung die FEM gewählt.

Im Folgenden wird das entwickelte Verfahren zur Berechnung des ATV unter Verwendung der FEM vorgestellt, vgl. [KLU20]. Der ATV fasst die FRFs, die das frequenzabhängige Verhältnis des Schalldrucks an einem Empfängerpunkt zur Geschwindigkeit eines Oberflächenpunktes beschreiben, für alle Oberflächenpunkte in einem Vektor zusammen, vgl. Kapitel 2.1.2.4. Die Einträge des ATV werden mithilfe des akustischen Modells des Luftraums berechnet. Die innere Oberfläche des Luftraums wird durch die Oberflächengeometrie der Gehäusebauteile bestimmt. Die Außenfläche wird so gelegt, dass der Luftraum die Empfängerpunkte enthält, schematisch dargestellt in Abbildung 69.

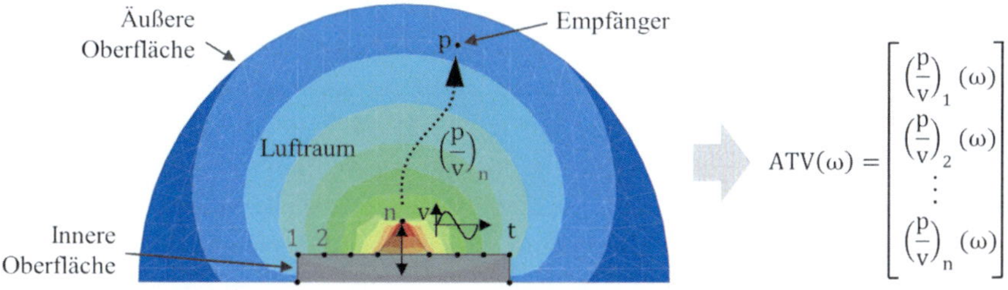

Abbildung 57: FRF Berechnung für jeden Oberflächenknoten n im akustischen Modell, nach [PJB20]

In akustischen Modellen werden typischerweise Freifeldbedingungen angenommen, um Reflexionen von Schallwellen aus der Umgebung zu vermeiden. Die Freifeldbedingung wird durch die Erfüllung der Sommerfeld-Bedingung an der Außenfläche modelliert. Eine Möglichkeit zur Modellierung der Sommerfeld-Bedingung ist die Methode der semi-infiniten Elemente [BET77], die in der Literatur auch als Methode der infiniten Elemente (IE) bekannt ist. In [MP05] wird für die IE-Methode eine hohe Genauigkeit zur Erfüllung der Sommerfeld-Bedingung gezeigt. IEs werden durch eine zusätzliche Schicht von Elementen auf der Außenfläche modelliert. Die IE-Methode erfordert eine konvexe Form der Außenfläche [SIM07]. Aufgrund der Freifeldbedingungen sind die Verläufe der einzelnen FRFs des ATV über der Frequenz glatt [GTE+02]. Die FRFs werden daher nur an einzelnen Frequenzpunkten, den sogenannten Master-Frequenzen, berechnet und die Verläufe zwischen den Master-Frequenzen ohne nennenswerte Ungenauigkeiten interpoliert. [TDM02] gibt Empfehlungen für den Abstand zwischen den Master-Frequenzen, der für das untersuchte Modell etwa 200 Hz beträgt.

Bei akustischen Simulationen hängt die minimale Netzfeinheit von der Wellenlänge der Schallwellen innerhalb des betrachteten Frequenzbereichs ab. Die Netzfeinheit wird durch das Verhältnis der Anzahl der Knoten pro Wellenlänge definiert. Nach dem Nyquist-Shannon-Abtasttheorem muss die Abtastfrequenz eines Signals mindestens doppelt so hoch sein wie die höchste interessierende Frequenz. Darauf aufbauend empfiehlt [SCH97] einen zusätzlichen Faktor zwischen drei und fünf, um relevante Effekte durch eine Näherung berücksichtigen zu können. Daraus ergibt sich die typische Anzahl von sechs bis zehn Knoten pro Wellenlänge, vgl. [MAR02]. Darüber hinaus wird die maximale Elementgröße auf der Innenfläche des Luftraums durch eine geeignete Diskretisierung der Oberflächengeometrie der Gehäusekomponenten begrenzt. Im akustischen FE-Modell wurden typische Elementgrößen von 15 mm auf der Innenfläche des Luftraums verwendet.

Für die Kopplung des akustischen Modells mit dem strukturdynamischen Modell ist zu berücksichtigen, dass die Knotenpositionen an der schallabstrahlenden Oberfläche in beiden Modellen typischerweise nicht an den gleichen räumlichen Positionen liegen. Dies ist unter anderem darin begründet, dass das FE-Netz des akustischen Modells auf der Innenfläche mit ca. 15 mm eine geringere Auflösung als das FE-Netz des Strukturmodells mit einer typischen Elementgrößen von ca. 4-5 mm aufweist. Zur Kopplung beider Modelle wurden in [KLU20] unterschiedliche Modellierungsansätze ermittelt und gegenübergestellt. Die höchste Durchgängigkeit und Genauigkeit bietet ein Interpolationsansatz, der auf einer Interpolation der Oberflächenschnellen der Strukturnetzknoten auf den Positionen der Luftnetzknoten basiert. Hierzu werden die Oberflächenknoten aus dem Akustikmodell als „Kopplungsknoten" in das Strukturdynamikmodell importiert und mit der Oberfläche des Strukturmodells verbunden, schematisch dargestellt in Abbildung 58. Die Verbindung wird mithilfe eines Tie-Constraints mit einem Node-To-Surface Ansatz modelliert. Dadurch können auch Gradienten zwischen den Oberflächenschnellen bei der Kopplung berücksichtigt werden. Bei der Reduktion des Strukturmodells werden die Kopplungsknoten für die Erstellung der Transformationsmatrix berücksichtigt, wodurch im EMKS-Modell die Oberflächengeschwindigkeiten an den Positionen der Kopplungsknoten berechnet werden können, vgl. Kapitel 4.3.3.1.

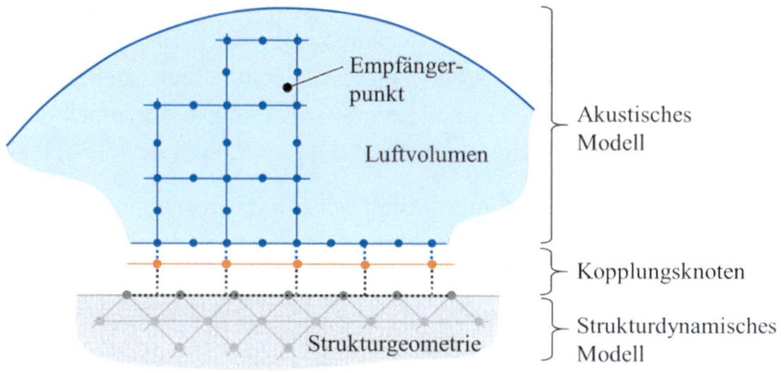

Abbildung 58: Kopplung von akustischem und strukturdynamischem Modell

Um die Umrechnung von mechanischen Körperschallgrößen in akustische Luftschallgrößen zu ermöglichen, wird im akustischen Modell die innere Oberfläche mit einer 2D-Schicht von Strukturelementen verbunden und dazwischen eine Fluid-Struktur-Interaktion implementiert. Zur Ermittlung eines FRFs wird ein Knoten der Strukturelemente mit einer Einheitsgeschwindigkeitsanregung ausgelenkt, während alle anderen Oberflächenpunkte fixiert werden, siehe Abbildung 57. Der resultierende Schalldruck am Empfänger wird ermittelt und mit der Geschwindigkeitsanregung nach Amplitude und Phase kombiniert, um das komplexwertige Verhältnis zu berechnen. Dieser Vorgang wird nacheinander für alle Knoten in allen drei Raumrichtungen durchgeführt. Aufgrund der großen Anzahl von Knoten und Frequenzstützstellen wurde dieser Vorgang mithilfe einer skriptbasierten Berechnungsroutine automatisiert.

Der Luftschall an den Empfängerpunkten wird entsprechend Abbildung 2 (b) mithilfe des vorberechneten ATV und den Oberflächengeschwindigkeiten aus dem EMKS-Modell unter Berücksichtigung der Transformationsmatrix berechnet, vgl. [JDM+19]. Die Schallbeiträge jedes Oberflächenknotens werden unter Berücksichtigung von Amplitude und Phase aufsummiert und bilden so den Gesamtluftschall am Empfängerpunkt.

4.3.5 Kopplung Kabinentransferpfade

Die vibroakustischen Kabineneigenschaften werden in Form der messtechnisch ermittelten FRFs berücksichtigt, vgl. Kapitel 4.2.5. Die FRFs beschreiben das frequenzabhängige Übertragungsverhalten als Verhältnis des Luftschalls am Fahrerohr zu dem in die Kabine eingetragenen Luft- und Körperschall.

Zur Berücksichtigung des körperschallinduzierten Innenraumluftschalls werden die simulativ ermittelten Betriebskräfte an den Aufhängepunkten des Kabinenrahmens mit den gemessenen FRFs kombiniert. Hierbei werden alle zehn Aufhängepunkte in den drei translatorischen Freiheitsgraden berücksichtigt. Zur Simulation der Betriebskräfte wird das Kabinenaufhängungssystem sowie die Kabine vereinfacht in Form der strukturdynamischen Eigenschaften des Kabinenrahmens modelliert, siehe Abbildung 51. Auf eine detaillierte Modellierung der Kabine wird aufgrund mangelnder Effizienz physikalischer Berechnungsmethoden für den relevanten Frequenzbereich verzichtet.

Der luftschallinduzierte Innenraumluftschall wird durch Kopplung des simulativ ermittelten vom Getriebegehäuse abgestrahlten Luftschalls mit den reziprok gemessenen FRFs berechnet, wobei drei Mikrofonpositionen zur Kopplung berücksichtigt werden.

4.3.6 Zusammenfassung

Mithilfe des entwickelten Systemmodells und den durchgängigen Schnittstellen zwischen den Domänen der Fluiddynamik, Strukturdynamik und Akustik wird die Berechnung von Flüssigkeits-, Körper- und Luftschall an beliebigen Positionen im Antriebsstrangsystem ermöglicht. Durch die hybride Kopplung von numerischem Modell und messtechnisch ermittelten Kabinentransferpfaden kann der Luftschall bis zum Fahrerohr berechnet werden.

Die entwickelte Modellierungsmethode für die Hydrostatanregung ermöglicht unter Berücksichtigung des gesamten geschlossen hydrostatischen Getriebes die Betrachtung der Systemzustände bis in die einzelnen Zylinderräume. Der in den Zylinderräumen berechnete Druck dient als Ausgangspunkt für die Kraftberechnung und die entwickelte Schnittstelle zur MKS.

Der zur Beschreibung des Gesamtsystemverhaltens gewählte EMKS-Ansatz mit flexiblen Körpern und abgestimmten Detailgraden der Kopplungselemente für den jeweiligen Modellierungszweck ermöglicht zusammen mit dem Kennfeld-Ansatz für die Kraftaufprägung der Hydrostaten eine Berechnung der transienten Systemzustände für variable Betriebszustände über die gesamte Getriebespreizung. Der Kennfeldansatz für die Anregungseinbindung und die ATV-Methode zur Abstrahlungsberechnung ermöglichen zusammen mit den entwickelten Schnittstellen eine sukzessive Ausführung der Modelle und eine nacheinander ablaufende Berechnung von Flüssigkeits-, Körper- und Luftschall. Auf rechenintensive Co-Simulationen zwischen den Modellen der unterschiedlichen Domänen konnte daher verzichtet werden.

4.4 Validierung Modellierungsmethodik

Die Validierung der Modellierungsmethodik erfolgt auf Basis der messtechnisch und simulativ ermittelten Schallgrößen für Volllast-Hochläufe der Fahrgeschwindigkeit. Während simulativ jeder Betriebspunkt abbildbar ist, ist aufgrund der genannten Prüfstandsrestriktionen, vgl. Kapitel 4.2.1 und 4.2.2, der untere Ratio-Bereich unter Volllast messtechnisch nicht vollständig zu ermitteln. Die Validierung basiert auf dem jeweils zugrunde liegenden messtechnisch ermittelbaren Ratio-Bereich. Die in den Spektrogrammen farblich dargestellten Pegelwerte sind für Mess- und Simulationsdaten in den jeweiligen Abbildungen gleich skaliert.

4.4.1 Flüssigkeitsschallpegel

In Abbildung 59 ist der im Hochdruckkanal A am Pumpenausgang hinter der Steuerscheibe der H1, siehe Messstelle (3) in Abbildung 12, gemessene und simulierte Flüssigkeitsschall dargestellt.

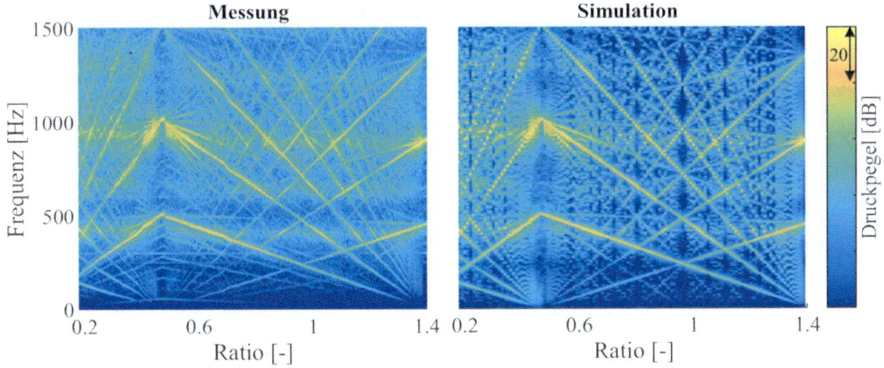

Abbildung 59: Vergleich der Druckpegel in Kanal A am Ausgang von H1

Die spektrale Zusammensetzung der Druckpegel zeigt sehr hohe Übereinstimmung zwischen Messung und Simulation. In beiden Spektrogrammen treten die höchsten Pegel vor und hinter dem Schaltpunkt in der ersten und zweiten H2 Ordnung sowie am Ende des Ratiobereichs in der ersten und zweiten H1 Ordnung auf. An diesen Stellen fallen die Anregungsordnungen mit Resonanzfrequenzen der Ölsäule zusammen, vgl. Abbildung 41. Weiterhin sind in beiden Spektrogrammen die Modulationsordnungen deutlich erkennbar.

In Abbildung 60 sind die Gesamtpegel für die Messstelle im Kanal A hinter der H1 (links), siehe Messstelle (3) in Abbildung 12, und im Kanal B hinter der H2 (rechts), siehe Messstelle (1) in Abbildung 12, aus Messung und Simulation gegenübergestellt.

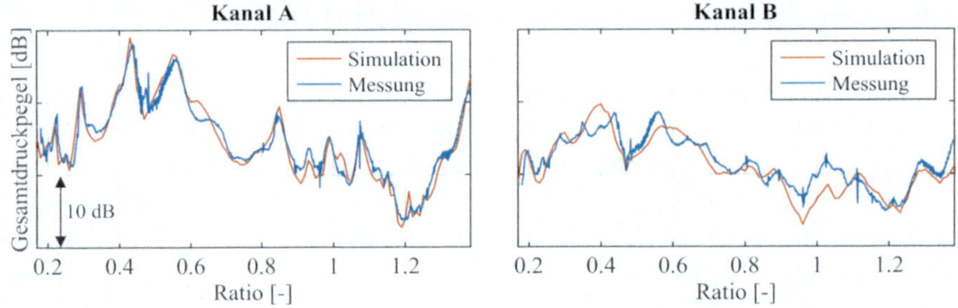

Abbildung 60: Vergleich der Gesamtdruckpegel in den Kanälen A und B hinter der H1

Auch quantitativ ist für beide Messstellen eine sehr hohe Übereinstimmung zu erkennen. Maximale Abweichungen treten im Kanal B von etwa 3 dB auf. Sämtliche Überhöhungen, die aus dem Zusammenfall von Anregungs- und Resonanzverhalten resultieren, sind im Simulationsergebnis wiederzufinden. Insgesamt zeigt das Fluidmodell eine sehr hohe Abbildungsgenauigkeit. An dieser Stelle ist zu erwähnen, dass die Modellierung und die numerische Bestimmung der Druckpulsationen und Pegelverläufe in einem vorwärtsgerichteten Prozess ohne nachträgliche Anpassungen an die messtechnisch ermittelten Ergebnisse erfolgte. Die numerischen Ergebnisse wurden zeitlich bereits weit vor den messtechnischen Ergebnissen bestimmt. Die hohe Übereinstimmung der Pegelverläufe bestätigt die gewählten Modellierungsansätze und Detailgrade des Fluidmodells.

4.4.2 Strukturdynamik

Die Validierung der Strukturdynamik erfolgt basierend auf den Ergebnissen aus EMA und NMA unter frei-frei Bedingungen anhand der Eigenfrequenzen und Modenformen mithilfe des MAC Kriteriums. Hierbei wurden sämtliche Einzelkomponenten des Getriebegehäuses, die verschraubten Gehäusebaugruppen sowie das Hydromodul untersucht. Für die EMA wurden die Komponenten und Baugruppen möglichst elastisch an Stellen geringer Mobilität aufgehängt. Die Identifikation einer möglichst geringen aber hinreichenden Anzahl an Sensor- und Anregungspunkte wurden mithilfe des Auto-MAC Kriteriums und der EODP Methode bestimmt, vgl. Kapitel 4.2.3.

In Abbildung 61 sind exemplarisch für das LVG Gehäuse die Eigenfrequenzen und Modenformen aus Messung und Simulation gegenübergestellt.

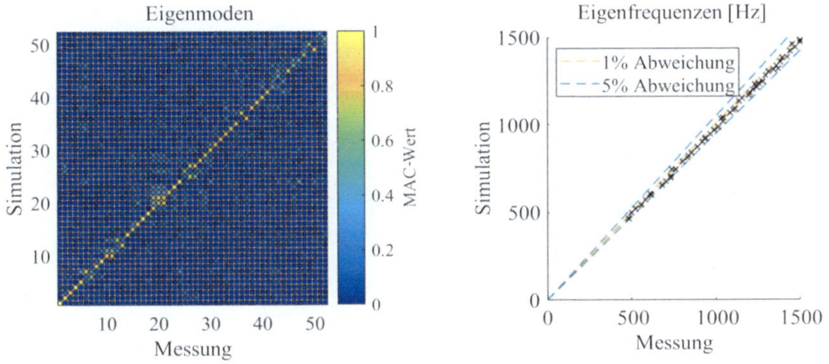

Abbildung 61: Vergleich von Eigenmoden und Eigenfrequenzen des LVG Gehäuses, nach [PJH+19]

Im Frequenzbereich bis 1500 Hz weist das Getriebegehäuse etwa 50 Eigenmoden auf. Die MAC-Matrix zeigt hohe Werte auf der Hauptdiagonalen und niedrige auf den Nebendiagonalen, was auf eine hohe Übereinstimmung der Eigenformen zwischen Messung und Simulation hinweist. Auch die Eigenfrequenzen zeigen eine hohe Korrelation mit maximalen Abweichungen von weniger als 5 %. Weitere Validierungsergebnisse der Strukturdynamik, die stets hohe Genauigkeiten der Modellierung zeigen, sind in [PJH+19] vorgestellt.

4.4.3 Körperschallpegel

Auf Basis des EMKS Gesamtmodells wird mithilfe einer impliziten Zeitintegration das transiente Systemverhalten für einen Hochlauf bestimmt. Die Dauer des Hochlaufs ist für den Ratio-Bereich von 0-1.4 auf 14 s festgelegt. Die Hochlaufzeit für das Simulationsmodell ist im Vergleich zu den Messungen kürzer, um akzeptable Simulationszeiten von wenigen Tagen unter Nutzung eines Multicore-Desktop-PCs zu erreichen. Der Körperschall wird analog zur Messung mithilfe virtueller Sensoren an unterschiedlichen Positionen entlang der Schalltransferpfade ermittelt.

In Abbildung 62 ist der am Getriebeprüfstand gemessene und der simulierte Beschleunigungspegel auf dem Hydromodul dargestellt. Die Messstelle befindet sich in direkter Nähe zur Anregungsquelle vor der Elastomerbuchse 1 (unten links), vgl. Abbildung 11. Es werden im Folgenden die aus den drei translatorischen Richtungen resultierende Gesamtbeschleunigung betrachtet.

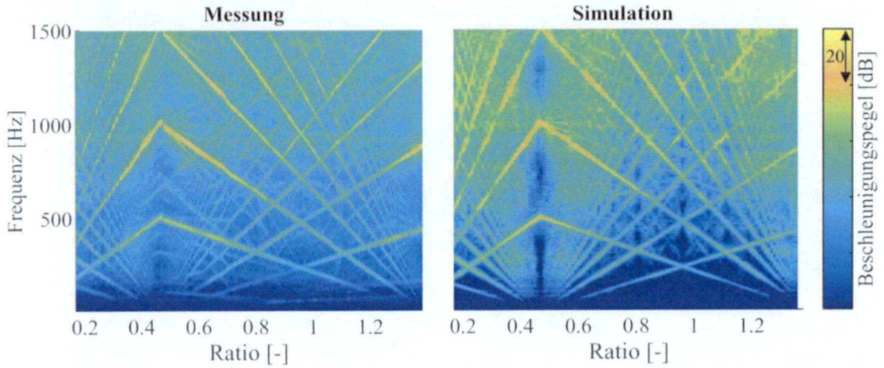

Abbildung 62: Beschleunigungspegel auf dem Hydromodul vor Elastomerbuchse 1 (unten links)

Beide Spektrogramme weisen eine hohe Übereinstimmung auf. Die Beschleunigungspegel auf dem Hydromodul sind von den Anregungsordnungen der Hydrostaten geprägt, wobei sowohl die Haupt- als auch die Modulationsordnungen deutlich sichtbar sind.

Der auf dem LVG Gehäuse hinter der Elastomerbuchse 1 (unten links), siehe Messstelle (1) in Abbildung 21, ermittelte Beschleunigungspegel ist in Abbildung 63 dargestellt.

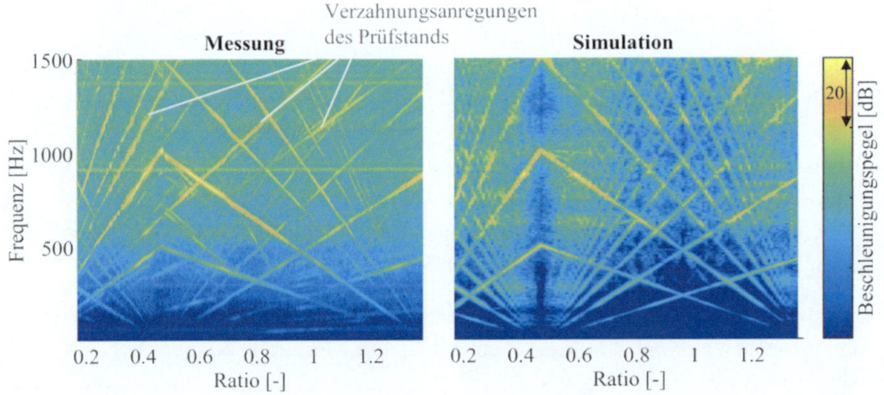

Abbildung 63: Beschleunigungspegel auf dem LVG Gehäuse hinter Elastomerbuchse 1 (unten links)

In dem gemessenen Beschleunigungssignal treten auf dem LVG-Gehäuse neben den pegelbestimmenden Hydrostatanregungen weitere zur Abtriebsdrehzahl proportionale

Ordnungen auf, die auf die Verzahnungsanregung des Untersetzungsgetriebes des Prüfstandes zurückzuführen sind, vgl. Kapitel 4.2.2. Aktiv- und passivseitig, also vor und hinter der Elastomerbuchse, ist eine hohe Übereinstimmung der Pegelverläufe aus Simulation und Messung sowohl in ihrer spektralen Zusammensetzung und als auch in der absoluten Pegelhöhe erkennbar. Ein Vergleich der Gesamtpegel zeigt im Bereich der dominanten Überhöhungen Abweichungen von maximal 3 dB.

Der obere Gehäusedeckel des LVG ist aufgrund seiner großen Abstrahlfläche und seiner Lage direkt unterhalb des Kabinenbodens besonders relevant für den in die Kabine eingetragenen Luftschall. Abbildung 64 zeigt den gemessenen und simulierten Beschleunigungspegel in vertikaler Richtung an einem außermittig liegenden Messpunkt auf dem Gehäusedeckel, siehe Messstelle (2) in Abbildung 21.

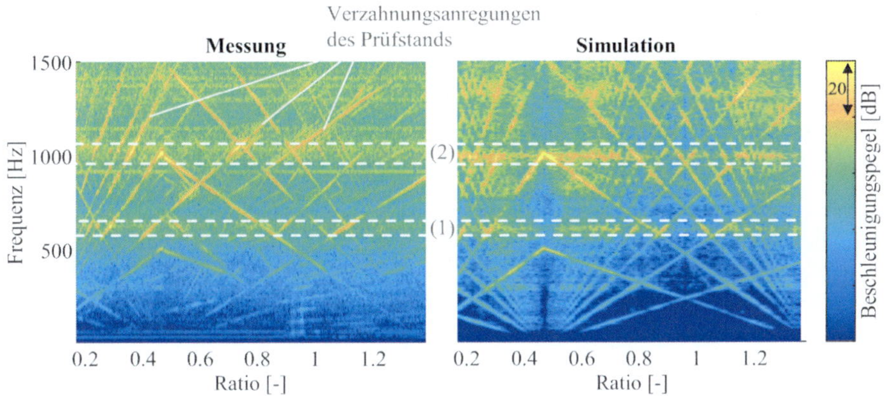

Abbildung 64: Gemessene und simulierte Beschleunigungspegel auf dem oberen Gehäusedeckel des LVG

Auch an dem weiter von der Quelle entfernten Messpunkt ist eine hohe Übereinstimmung der Beschleunigungspegel zu sehen. Die maximalen Abweichungen im Gesamtpegel der dominanten Überhöhungen, die um den Schaltpunkt liegen, betragen etwa 5 dB und sind damit höher als an den quellnahen Messstellen. Bei etwa 600 und 1000 Hz sind ausgeprägte Resonanzüberhöhungen zu erkennen, siehe (1) und (2) in Abbildung 64, die sich mithilfe des Simulationsmodells auf Eigenmoden des Gehäusedeckels zurückführen lassen.

4.4.4 Luftschallpegel

Der direkte in die Kabine eingetragene Luftschall wird maßgeblich durch die Oberseite des Getriebegehäuses beeinflusst, die für die Luftschallberechnung als abstrahlende Oberfläche berücksichtigt wird, vgl. Kapitel 4.3.4. Abbildung 65 zeigt den bei der

Fahrzeugmessung gemessenen und den simulierten SPL für eine Mikrofonposition über dem oberen Gehäusedeckel des LVG.

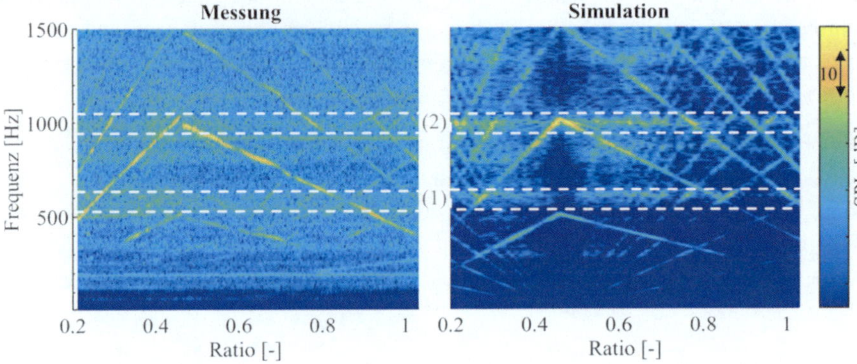

Abbildung 65: SPL über dem oberen Gehäusedeckel des LVG

Die spektrale Zusammensetzung des SPL aus Messung und Simulation und das Niveau der hydrostatischen Ordnungen zeigen gute Übereinstimmungen. Maximale Abweichungen im Gesamtpegel von etwa 6 dB treten bei der Überhöhung im Schaltpunkt auf. Im gemessenen Signal ist ein höheres Hintergrundrauschen erkennbar, das auf nicht ideale Messbedingungen und weitere Anregungsquellen wie der VKM, die nicht Teil des Simulationsmodells sind, zurückzuführen ist. Bei etwa 600 und 1000 Hz, markiert mit (1) und (2) in Abbildung 65, sind erhöhte Schallpegel über dem gesamten Ratio-Bereich zu erkennen, die auf die zuvor beschriebenen Resonanzen des Gehäusedeckels, vgl. Abbildung 64, zurückzuführen sind.

Durch die Kopplung der gemessenen Kabinentransferpfade mit den numerisch bestimmten Anregungskräften am Kabinenrahmen sowie des Schalldrucks unterhalb der Kabine, vgl. Kapitel 4.3.5, wird der Innenraumluftschall am Fahrerohr synthetisiert. Der Vergleich des gemessenen und simulierten Gesamtpegels am linken Fahrerohr ist in Abbildung 66 dargestellt.

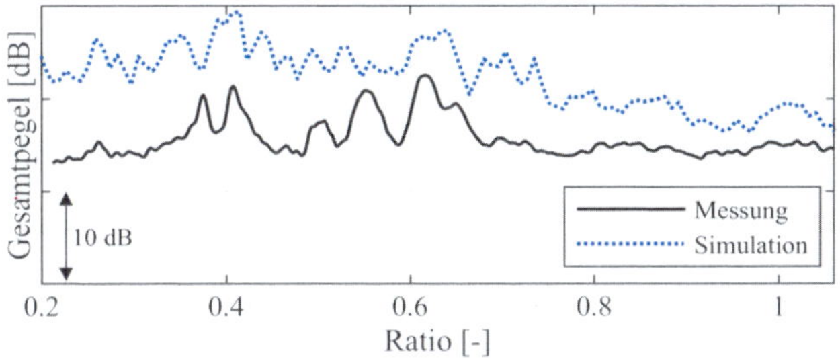

Abbildung 66: Gemessener und simulierter Gesamtschalldruckpegel am linken Fahrerohr

Es ist ein Versatz der Kurven um bis zu 10 dB zu erkennen, wobei die Verläufe qualitativ Übereinstimmungen insbesondere für die relevanten Überhöhungen bei R = 0.4 und R = 0.6 aufweisen. Die Pegeldifferenz ist mit der stark vereinfachten Modellierung der Kabine zu erklären, bei der nur der linear-elastische Kabinenrahmen berücksichtigt wird, vgl. Kapitel 4.3.5. Die Massen- und Dämpfungseinflüsse sämtlicher weiterer Komponenten und Anbauteile der Kabine sind in dem vereinfachten Rahmenmodell nicht berücksichtigt.

In Abbildung 67 ist die spektrale Pegelzusammensetzung des SPL am linken Fahrerohr von Messung und Simulation gegenübergestellt, wobei hierbei zur vereinfachten visuellen Vergleichbarkeit der Wertebereich der Pegelskala der Simulation um 10 dB gegenüber der Pegelskala der Messung angehoben ist.

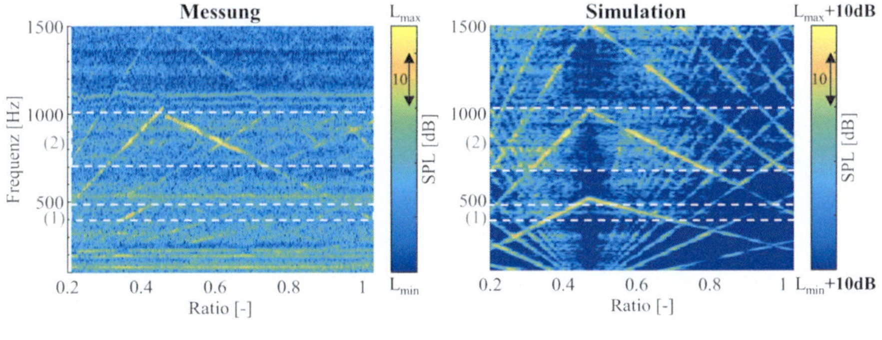

Abbildung 67: Gemessener und simulierter SPL am linken Fahrerohr mit um 10 dB verschobener Pegelskala

Qualitativ sind in der spektralen Zusammensetzung insbesondere im stark ausgeprägten Frequenzbereich von etwa 700-1000 Hz, siehe (2) in Abbildung 67, hohe Übereinstimmungen zu erkennen. Durch die hohen Abweichungen der absoluten

Pegelwerte wird offensichtlich, dass der Ansatz nicht für eine pegelgetreue Luftschallprognose am Fahrerohr ausreicht, qualitative Aussagen sowie Variantenvergleiche hingegen zulässt.

4.4.5 Zusammenfassung

Die Validierungen von Flüssigkeitsschall, Strukturdynamik, Körperschall und dem direkt abgestrahlten Luftschall zeigen hohe Übereinstimmungen zwischen Messung und Simulation. Insbesondere der Flüssigkeitsschall bietet eine pegelgetreue Abbildungsgüte. Wie in den Messsignalen sind auch in den Simulationsergebnissen neben den Hauptanregungsordnungen die Modulationsordnungen deutlich sichtbar. Entlang der Transferpfade ist eine Abnahme der Abbildegenauigkeit festzustellen. Dies kann in vereinfachten Modellierungen von Anbauten und Umgebungsstrukturen sowie von nichtberücksichtigten Dämpfungseffekten, wie bspw. dem Ölstand im Getriebegehäuse, begründet sein. Der direkt vom Getriebegehäuse abgestrahlte Luftschall zeigt sowohl qualitativ als auch quantitativ, mit maximalen Abweichungen von 6 dB, hohe Übereinstimmungen zwischen Messung und Simulation, vgl. Abbildung 65. Der mit dem hybriden Ansatz und dem stark vereinfachten Kabinenmodell ermittelte Luftschall am Fahrerohr zeigt quantitativ Abweichungen um bis zu 10 dB zum gemessenen Luftschall; dominante NVH-Probleme sind hingegen qualitativ identifizierbar, wodurch der Ansatz einen Vergleich von Konstruktionsvarianten hinsichtlich ihrer Auswirkung auf den Luftschall am Fahrerohr zulässt.

Insgesamt wurde gezeigt, dass die entwickelte Modellierungsmethodik eine valide Prognose dominanter akustischer Auffälligkeiten erlaubt. Die Identifikation der Ursachen bzw. Schwachstellen sowie das Ableiten von Maßnahmen zur Optimierung des Gesamtsystemverhaltens ist jedoch basierend auf der bisher vorgestellten Analyse von Schallantworten an einzelnen Messpunkten nicht zielgerichtet möglich. Daher bedarf es erweiterter Analysemethoden, die im nächsten Kapitel vorgestellt werden.

4.5 Methoden zur zielgerichteten Analyse von NVH-Systemmodellen

Die im vorangegangenen Kapitel für einzelne Messpunkte gezeigten Schallantworten sind geprägt durch komplexe, rückwirkungsbehaftete Schwingungsereignisse mit einer großen Anzahl beteiligter Komponenten und Kopplungen. Analog zu realen Systemen besteht bei der Analyse des zeitlichen Systemverhaltens aufgrund der Modellgröße, der hohen Anzahl auszuwertender Freiheitsgrade und der großen Datenmengen die Herausforderung einer transparenten und zielgerichteten Identifikation von Schwachstellen und dem Ableiten von Optimierungsmaßnahmen. Werden bspw. an definierten Schnittstellen oder an abstrahlenden Oberflächen akustische Anforderungen überschritten, ist das Finden von Optimierungspotenzial insbesondere im strukturdynamischen Übertragungsverhalten stark gekoppelter Systeme typischerweise sehr aufwendig und zeitintensiv. Um basierend auf NVH-Systemmodellen dennoch eine strukturierte und zielgerichtete Analyse zu ermöglichen, werden die aus dem messtechnischen Bereich bekannten TPA-Methoden, bei denen die Schallantworten in eine überschaubare Anzahl an Schallbeiträgen bzw. Pfaden aufgeschlüsselt werden, zur Anwendung auf numerische Modelle im Zeitbereich weiterentwickelt, vgl. [PJB21]. Hierzu werden aus der Vielzahl bekannter TPA-Methoden zwei Methoden vor dem Hintergrund einer möglichst hohen Genauigkeit und Effizienz bei der Anwendung auf numerische Modelle ausgewählt und weiterentwickelt (Kapitel 4.5.1). Die Anwendung beider Methoden wird für das vorgestellte Systemmodell demonstriert (Kapitel 4.5.2) und ein Vergleich der Methoden gegeben (Kapitel 4.5.3).

4.5.1 Methodenentwicklung zur numerischen Transferpfadanalyse

Die vielen verfügbaren TPA-Methoden, vgl. [VKR16], unterscheiden sich in der Art der Substrukturierung, der erzielbaren Genauigkeit und im Messaufwand. Transmissibilitätsbasierte TPA-Methoden, wie die OTPA, bieten bei experimentellen Messungen den Vorteil eines reduzierten Messaufwandes. Dieser Vorteil ist für numerische Modelle, in denen keine Einschränkungen hinsichtlich Signalermittlung existieren, nicht relevant. Zudem basieren die transmissibilitätsbasierten TPA-Methoden nicht auf Kausalität, sondern auf Korrelation zwischen Schnittstellen- und Empfängersignalen, weshalb die Genauigkeit in hohem Maße von der bereitgestellten und berücksichtigten Datenmenge abhängt.

Die klassischen und die komponentenbasierten TPA-Methoden hingegen bieten basierend auf kausalen Zusammenhängen unabhängig von der Menge der Eingangsdaten eine hohe Genauigkeit. Sie basieren auf der Auswertung von physikalischen Kraftgrößen in der Schnittstelle sowie Übertragungsfrequenzgängen zwischen Schnittstelle und Empfänger. Besonders die Ermittlung der im Betrieb wirkenden Kräfte ist im experimentellen Bereich herausfordernd. Da die Integration von Kraftsensoren das strukturdynamische Systemverhalten verfälscht, wurden Methoden zur indirekten Kraftbestimmung entwickelt. Die indirekte Kraftermittlung erfordert zusätzliche Messungen und Berechnungen, weshalb sie mit einem erhöhten Mess- und Auswerteaufwand einhergehen. Zusätzlich können bei den Berechnungsverfahren der indirekten Kraftermittlung, bspw. bei der Matrixinversion, numerische Ungenauigkeiten auftreten. Allerdings bieten numerische Modelle den Vorteil, dass Kräfte auf direktem Weg an beliebigen Stellen im System ohne weitere Berechnungen direkt ermittelt werden können. Aufgrund der Möglichkeit einer direkten Kraftermittlung wurden daher die Methoden der klassischen Direct-Force und der komponentenbasierten Blocked-Force TPA als besonders geeignet für die Anwendung auf numerische Modelle identifiziert und für die weitere Untersuchung ausgewählt.

Wie in Kapitel 2.1.3 dargestellt, wird für die Pfadsynthese das Gesamtsystem AB in die Subsysteme A und B aufgeteilt bzw. substrukturiert. Aus den ermittelten Kräften in der Schnittstelle sowie den FRFs, die das Übertragungsverhalten vom Interface zum Empfänger beschreiben, werden anschließend die Pfadbeiträge berechnet. Zur Anwendung der vorausgewählten TPA Methoden auf numerischen EMKS Modelle im Zeitbereich wurde vor dem Hintergrund eines möglichst geringen Rechenaufwands bei möglichst hoher Genauigkeit ein Berechnungsprozess entwickelt, der auf einem zweischrittigen Simulationsprozess und nachgeschaltetem Auswerteprozess, auch Post-Processing genannt, besteht. Beide numerische TPA (NTPA)-Methoden unterscheiden sich hauptsächlich in der Art der Substrukturierung des Gesamtmodells für die beiden Simulationsschritte. Bei der klassischen Direct-Force NTPA werden die Schnittstellenkräfte im Gesamtsystem AB, also im Gesamtmodell, und die FRFs am isolierten passiven Subsystem B, also in einem Teilmodell, ermittelt, dargestellt in Abbildung 68.

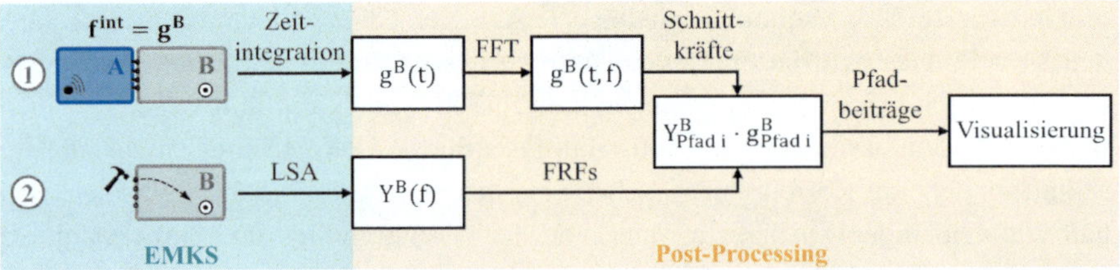

Abbildung 68: Methode der klassischen Direct-Force NTPA, nach [PJB21]

Bei der klassischen Methode entsprechen die Schnittstellenkräfte den Schnittkräften, vgl. Kapitel 2.1.3, welche in allen Schnittstellenfreiheitsgraden, bzw. Interface-DOFs, berechnet und ausgelesen werden. Mithilfe der Zeitintegration werden die zeitabhängigen Schnittkräfte im Zeitbereich bspw. für einen Geschwindigkeitshochlauf berechnet. Zur Erzielung einer möglichst hohen Genauigkeit werden sowohl translatorische als auch rotatorische Kräfte berücksichtigt, die direkt als Ausgabegrößen zur Verfügung stehen. Mittels Signalfensterung und Fast-Fourier-Transformation (FFT) werden die Zeitsignale in den Frequenzbereich überführt. Die FRFs werden mithilfe einer linearen Systemanalyse (LSA) im Frequenzbereich an einem Teilsystem, die dem passiven Subsystem B entspricht, berechnet. Dazu wird das aktive Subsystem A im Simulationsmodell deaktiviert und das passive Subsystem isoliert betrachtet. Die FRFs werden sukzessive zwischen allen translatorischen und rotatorischen Interface-DOFs und den Empfänger-DOFs ermittelt. Die Pfadbeiträge werden anschließend durch Multiplikation der komplexwertigen Kräfte und FRFs berechnet.

Das Verfahren zur Ermittlung der Pfadbeiträge mit der entwickelten komponentenbasierten Blocked-Force NTPA-Methode für numerische Modelle ist in Abbildung 69 dargestellt. Der Hauptunterschied zu der in Abbildung 68 gezeigten klassischen NTPA-Methode liegt in der Art der Substrukturierung des Systems und somit in dem Aufbau bzw. dem Umfang der Modelle für die beiden Simulationsschritte.

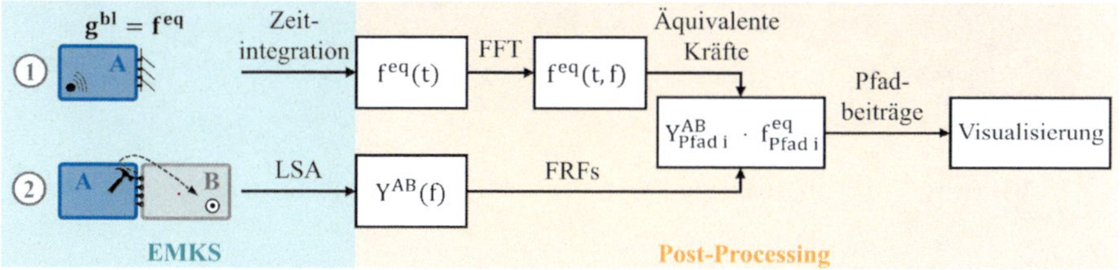

Abbildung 69: Methode der komponentenbasierten Blocked-Force NTPA, nach [PJB21]

Die bei der komponentenbasierten Methode benötigten äquivalenten Kräfte sind nur vom aktiven Subsystem A abhängig. Die äquivalenten Kräfte entsprechen denjenigen Kräften, die durch eine starre Einspannung des Systems A im Interface entstehen, vgl. Kapitel 2.1.3. Zur Berechnung dieser auch als Blocked-Forces bezeichneten Kräfte wird im Modell die passive Struktur deaktiviert und die Quellstruktur an den Interface-DOFs starr an die Umgebung angebunden. Im Gegensatz zur experimentellen Messung ist simulativ die Randbedingung einer ideal starren Einspannung möglich. Die Zeitintegration erfolgt somit nur mit dem Modell der eingespannten Quellstruktur. Die FRFs werden für die komponentenbasierte Methode mithilfe der LSA im Gesamtsystem berechnet. Die anschließenden Berechnungsschritte des Post-Processings erfolgen analog zur klassischen NTPA.

Die Anzahl der Pfade ergibt sich aus der Anzahl der Interface-DOFs und der Empfänger-DOFs. Im Allgemeinen sollten alle kraftübertragenden Interface-DOFs berücksichtigt werden. Die Empfänger-DOFs werden je nach Fragestellung ausgewählt, wobei sowohl translatorische als auch rotatorische DOFs berücksichtigt werden können. Zur Übersichtlichkeit können einzelne Pfade zur Visualisierung zusammengefasst werden.

4.5.2 Anwendung auf Traktor Modell

Beide NTPA-Methoden werden auf das in Kapitel 4.3 vorgestellte Systemmodell des Traktors angewendet und verglichen. Als Anwendungsbeispiel werden die dominanten

Transferpfade von den Hydrostaten über die Elastomerbuchsen des Hydromoduls bis zu einem Empfängerpunkt auf der Gehäusestruktur untersucht. Die Substrukturierung des Systems erfolgt daher entlang der Elastomerbuchsen in das aktive Subystem des Hydromoduls und das passive Subystem des Getriebegehäuses, dargestellt in Abbildung 70.

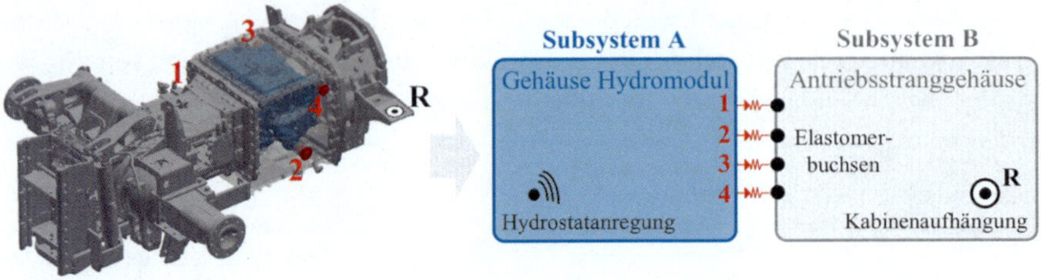

Abbildung 70: Substrukturierung des EMKS-Modells für die NTPA, nach [PJB21]

In der folgenden Analyse wird die Kabinenaufhängung vorne rechts, in Abbildung 70 mit „R" gekennzeichnet, als Empfängerpunkt gewählt. Die Elastomerbuchsen übertragen sowohl translatorische als auch rotatorische Kräfte entlang aller DOFs. Daraus ergeben sich sechs mögliche Interface-DOFs pro Buchse, in Summe also 24 Interface-DOFs. In diesem Beispiel wird die resultierende translatorische Beschleunigung am Empfänger betrachtet.

Mit den in Kapitel 4.5.1 dargestellten Methoden werden die Schallbeiträge für den Hochlauf der Fahrzeuggeschwindigkeit bzw. der Ratio berechnet. Zur Verifizierung der Berechnung werden die mittels der NTPA synthetisierten Gesamtbeschleunigungspegel am Empfängerpunkt mit den im Referenzmodell gemessenen Beschleunigungspegeln verglichen. Die synthetisierten Gesamtbeschleunigungspegel werden nach Gl. (7) durch Summation aller Pfadbeiträge berechnet. Die Ergebnisse sind in Abbildung 71 dargestellt.

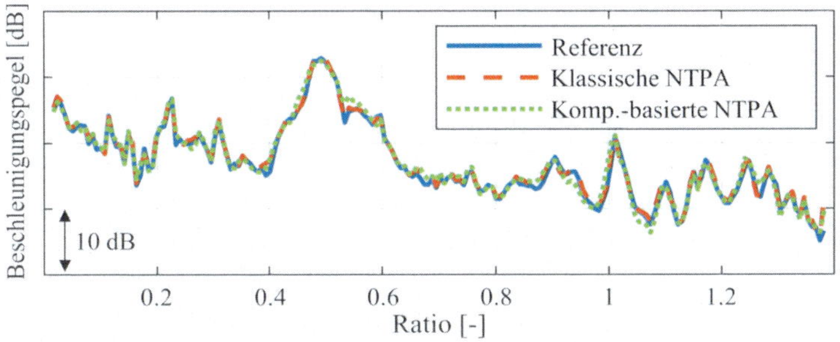

Abbildung 71: Vergleich des Beschleunigungssignals am Empfänger von Referenzmodell und NTPA-Synthese, nach [PJB21]

Die Beschleunigungspegel zeigen über den gesamten Ratio-Bereich hohe Übereinstimmung. Es sind vernachlässigbare Abweichungen von maximal 1-2 dB sichtbar, die auf Linearisierungen bei der LSA zurückzuführen sind und keinen Einfluss auf die qualitativen Ergebnisse der NTPA haben. Insgesamt zeigt der Vergleich eine hohe Genauigkeit der Berechnung für beide Methoden.

Im Folgenden werden die Ergebnisse der NTPA in Form der Schallbeiträge dargestellt. Die Schallbeiträge können zu Visualisierungszwecken auf verschiedenen Ebenen ausgewertet werden. Abbildung 72 zeigt die Schallbeiträge der vier Buchsen zum Gesamtschall für die klassische NTPA.

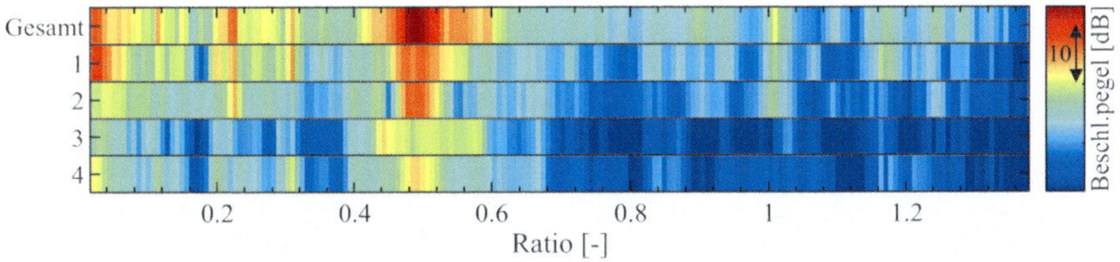

Abbildung 72: Klassische NTPA: Gesamtschall-Beiträge der Buchsen, nach [PJB21]

Die Farbbalken stellen den Beschleunigungspegel der einzelnen Pfade dar. Diese Form der Visualisierung ermöglicht eine transparente Identifikation dominanter Pfade. Bspw. wird deutlich, dass die Überhöhung bei $R = 0.5$ hauptsächlich durch die Buchsen 1 und 2 verursacht wird.

Für eine tiefergehende Untersuchung werden die Beiträge der Buchsen jeweils in ihre 6 DOFs zerlegt, dargestellt in Abbildung 73.

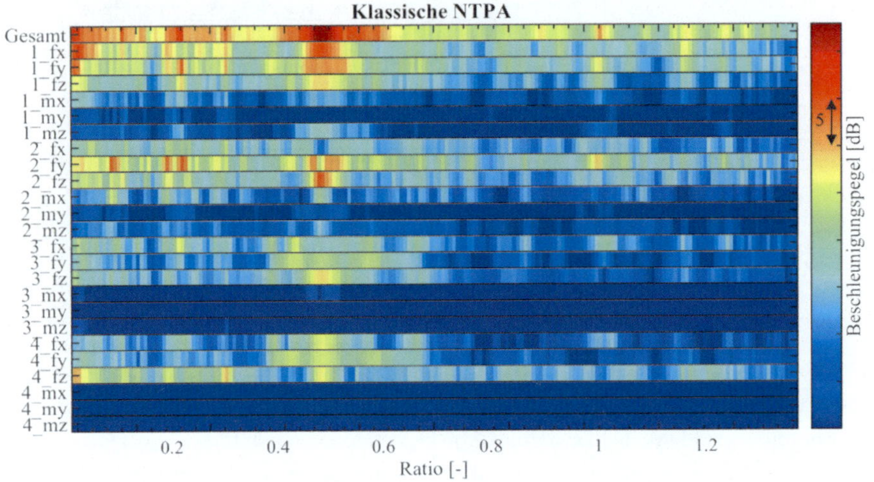

Abbildung 73: Klassische NTPA: 6 DOF Schallbeiträge der Buchsen, nach [PJB21]

Durch die weitere Zerlegung der Pfadbeiträge wird eine Aufschlüsselung bis zu den einzelnen translatorischen (fx, fy, fz) und auch rotatorischen DOFs (mx, my, mz) möglich. Es ist zu erkennen, dass insbesondere die Pfade in x- und y-Richtung von Buchse 1 und y- und z-Richtung von Buchse 2 die höchsten Beiträge zum Gesamtschall haben.

Das Ergebnis der komponentenbasierten NTPA ist in Abbildung 74 dargestellt.

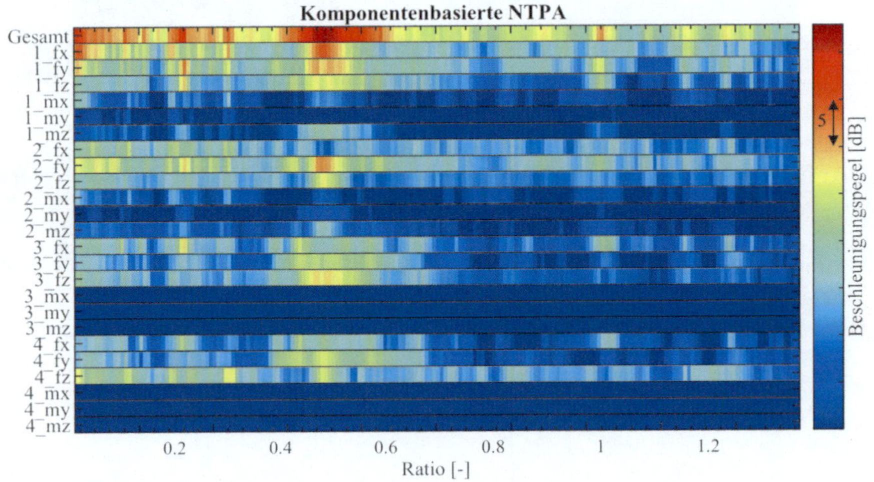

Abbildung 74: Komponentenbasierte NTPA: 6 DOF Schallbeiträge der Buchsen, nach [PJB21]

Die Ergebnisse der komponentenbasierten NTPA sind ähnlich zu den Ergebnissen der klassischen NTPA, jedoch nicht exakt gleich. Bspw. ist der Pfad der Buchse 2 in translatorischer z-Richtung bei der komponentenbasierten NTPA im Vergleich zur klassischen NTPA mit einem Unterschied von etwa 8 dB bei R = 0.5 weniger dominant. Der Grund für die Unterschiede in den Schallbeiträgen der beiden Methoden wird im folgenden Kapitel diskutiert.

4.5.3 Methodenvergleich

Durch die hohe Qualität der Eingangsdaten der numerischen Modelle und durch die parallele Anwendung von klassischer und komponentenbasierter NTPA-Methode auf das gleiche Systemmodell ist ein direkter Vergleich der Pfadbeiträge beider TPA-Familien möglich. Auf Basis experimenteller TPA wäre ein direkter Vergleich der Pfadbeiträge aufgrund von Messungenauigkeiten nicht zuverlässig möglich. Wie in Abbildung 73 und Abbildung 74 zu erkennen, sind für das betrachtete Modell die Schallbeiträge der klassischen und der komponentenbasierten Methode ähnlich, aber nicht exakt gleich. Während der Gesamtschall am Empfänger u_3 für beide Methoden nach Gl. (7) mathematisch gleich ist, und auch in Abbildung 71 bestätigt wird, sind die Pfadbeiträge der beiden Methoden im Allgemeinen offensichtlich nicht gleich, was im Folgenden diskutiert wird. Hierzu wird der Unterschied in der mathematischen Berechnung beider Methoden für eine Frequenzstützstelle hergeleitet. Der Übersichtlichkeit halber wird Gl. (8) umgeschrieben zu

$$u_3 = A \cdot B \cdot C \tag{29}$$

mit

$$A = Y_{32}^{B} \in \mathbb{C}^{1xn} \tag{30}$$

$$B = (Y_{22}^{A} + Y_{22}^{B})^{-1} \cdot Y_{22}^{A} \in \mathbb{C}^{nxn} \tag{31}$$

$$C = (Y_{22}^{A})^{-1} \cdot Y_{21}^{A} \cdot f_1 \in \mathbb{C}^{nx1} \tag{32}$$

Die Dimension n entspricht der Anzahl der Interface-DOFs. Bei der klassischen TPA wird der Eintrag i von A mit dem Eintrag i des Matrixprodukts von B und C zur Berechnung des Schallbeitrags von Pfad i multipliziert:

$$u_{3_{\text{Pfad i}}}^{\text{klass.}} = A_i \cdot (B \cdot C)_i \tag{33}$$

Zur Berechnung des Schallbeitrags von Pfad i in der komponentenbasierten TPA wird der Eintrag i des Matrixprodukts von A und B mit dem Eintrag i von C multipliziert:

$$u_{3_{\text{Pfad i}}}^{\text{komp.}} = (A \cdot B)_i \cdot C_i \tag{34}$$

Der Vergleich von Gl. (33) und (34) zeigt, dass diese aufgrund der unterschiedlichen Art der Substrukturierung und somit der unterschiedlichen Berechnungsfolge im Allgemeinen nicht gleich sind. Daher sind auch die Pfadbeiträge der klassischen TPA und der Komponenten-TPA im Allgemeinen nicht sind.

Für den speziellen Fall, dass B diagonal ist, sind Gl. (33) und (34) und somit die Pfadbeiträge beider Methoden gleich. B ist diagonal, wenn die Nebendiagonaleinträge von B Null sind. Die Nebendiagonaleinträge zeigen das sogenannte Übersprechen, auch als Crosstalk bezeichnet, an. Übersprechen bedeutet, dass eine Kraft an einem Interface-DOF eine Antwort an einem anderen Interface-DOF verursacht. Der Grad des Übersprechens hängt vom System und von der Definition der Schnittebene ab. Reale Systeme hingegen weisen typischerweise ein gewisses Maß an Übersprechen auf. Im Fall des in Kapitel 4.5.2 gezeigten Beispiels ist dieser Betrag relativ gering, was zu leichten Unterschieden in den Schallbeiträgen beider Methoden führt.

Bei Systemen mit starkem Übersprechen können die Ergebnisse der beiden Methoden stark variieren, was zu unterschiedlichen Interpretationen und Optimierungsmaßnahmen für die jeweiligen Systeme führen kann. In diesem Fall sollte die Wahl der Methode sich daher an den spezifischen Änderungen und Optimierungsmaßnahmen, die bewertet werden sollen, orientieren. Für eine vollständig gefüllte Matrix B, also einem hohen Maß an Übersprechen, enthält bei der klassischen TPA ein Schallbeitrag $u_{3_{\text{Pfad i}}}^{\text{klass.}}$ genau einen Übertragungspfad zwischen einem Interface-DOF und dem Empfänger sowie n Kräfte, die innerhalb der Interface-DOFs wirken. Im Gegensatz dazu ergibt sich bei der komponentenbasierten TPA mit einer vollständig gefüllten Matrix B ein Schallbeitrag $u_{3_{\text{Pfad i}}}^{\text{komp.}}$ aus n Übertragungspfaden zwischen den Interface-DOFs und dem Empfänger, wobei genau eine äquivalente Kraft an einem Interface-DOF wirkt. Somit erlaubt die klassische TPA transparentere Ergebnisse für die Bewertung von einzelnen Übertragungspfadänderungen im passiven System. Die Ergebnisse der komponentenbasierten TPA hingegen können höhere Transparenz für die Bewertung von Optimierungen liefern, die auf die Änderung einer vom aktiven System abhängigen Kraft abzielen.

4.5.4 Bewertung und Zusammenfassung

Die in Kapitel 4.5.2 vorgestellten Ergebnisse zeigen, dass mit den vorgeschlagenen Simulations- und Berechnungsketten TPA für numerische Systemmodelle, NTPA genannt, durchgeführt werden können. Sowohl die bekannten TPA-Methoden als auch die MKS basieren auf der Betrachtung konzentrierter Kräfte und Pfade, weshalb beide

Methoden sehr gut kombinierbar sind. Rotatorische DOFs können hierbei in gleicher Art und Weise berücksichtigt werden wie translatorische DOFs. Typische Herausforderungen aus dem experimentellen Bereich, wie die exakte Kraftbestimmung, die Berücksichtigung von rotatorischen Freiheitsgraden, Bauraumbeschränkungen, Systembeeinflussung durch eingebrachte Sensorik sowie Störsignale, sind bei dem numerischen Verfahren nicht relevant. Der Vergleich zwischen den simulierten und synthetisierten Beschleunigungspegeln am Empfänger, dargestellt in Abbildung 71, demonstriert die hohe Genauigkeit der Berechnung. Schwachstellen im komplexen Übertragungsverhalten werden durch die Visualisierung der Schallbeiträge in den Farbbalken-Diagrammen deutlich erkennbar, was in dieser Übersichtlichkeit mit herkömmlichen Methoden mit der Betrachtung einzelner Sensorpunkte oder Schwingungsformen der gesamten Struktur, vgl. Kapitel 2.2.4, nicht gelingt. Aus Ergebnissen der NTPA lassen sich direkt Optimierungsmaßnahmen ableiten, wie in Kapitel 5.1.2 exemplarisch gezeigt wird. Die vorgestellten NTPA-Methoden ermöglichen mit kurzen Rechenzeiten im Post-Processing von nur wenigen Minuten tiefe, übersichtliche Einblick in das Systemverhalten und stellen daher leistungsfähige Werkzeuge zur produktiven Nutzung von NVH-Systemmodellen im PEP dar.

Darüber hinaus bietet die neu entwickelte komponentenbasierte Blocked-Force NTPA, vgl. Kapitel 4.5.1, den zusätzlichen Vorteil der Reduzierung von Rechenzeit für die Zeitintegration. Die Zeitintegration muss bei dieser Methode aufgrund der beschriebenen Substrukturierungsstrategie nur für das Subsystem A und nicht für das Gesamtsystem durchgeführt werden. Dies kann je nach System zu einer erheblichen Reduktion der Berechnungszeit führen. Im Falle des Traktormodells konnten die Berechnungszeiten für die Zeitintegration im Gegensatz zum Referenzmodell mehr als halbiert werden. Ein weiterer Vorteil der komponentenbasierten NTPA-Methode ist, dass die Blocked-Forces nur vom Subsystem A abhängen. Für den Fall, dass Änderungen oder Optimierungsmaßnahmen am Subsystem B vorgenommen werden, bleiben die Blocked-Forces unverändert. Aus diesem Grund muss zur Bewertung von Varianten mit Optimierungsmaßnahmen nur eine LSA-Berechnung mit ihren kurzen Rechenzeiten von wenigen Sekunden oder Minuten durchgeführt werden. Somit können das Antwortverhalten sowie die Schallbeiträge für ein verändertes System innerhalb weniger Minuten berechnet werden, was bei der Anwendung im PEP deutliche Zeitersparnisse und schnellere Optimierungszyklen ermöglicht.

5 Verwertbarkeit der Ergebnisse und Verallgemeinerung

Die in Kapitel 4 vorgestellten validierten Modellierungs- und Analysemethoden ermöglichen es, entwicklungsbegleitend das NVH-Systemverhalten zu prognostizieren, Schwachstellen zielgerichtet zu identifizieren und Optimierungsmaßnahmen abzuleiten. In Kapitel 5.1 wird mithilfe des entwickelten Systemmodells und der Analysemethoden die Anwendbarkeit und entwicklungsbegleitende Nutzung demonstriert. In Kapitel 5.2 wird die Verallgemeinerung der entwickelten Methoden zur Übertragbarkeit auf andere Systeme diskutiert.

5.1 Methodenanwendung zur Optimierung des NVH-Verhaltens

5.1.1 Hydrostatisches System

In hydrostatischen Systemen kann ausgeprägtes Resonanzverhalten zu schweren akustischen Problemen und zu Schäden am System, bspw. durch Kavitation, führen [SGM12]. Zur Reduktion von Resonanzen und resultierender Druckschwankungen können in hydrostatischen Systemen Maßnahmen zur Beeinflussung des Anregungs- oder des Übertragungsverhaltens durchgeführt werden. Das Anregungsverhalten kann bspw. durch die Geometrie der Steuerplatte und somit durch den Verlauf des Öffnungsquerschnitts beeinflusst werden. Zur Veränderung des Übertragungsverhaltens können Flüssigkeitsschalldämpfer im System eingebracht werden, vgl. [GOE07]. In dem vorliegenden hydrostatischen Getriebe kommen im Leitungssystem zur Vermeidung ausgeprägter Amplitudenüberhöhungen Flüssigkeitsschalldämpfer in Form von Helmholtz-Resonatoren zum Einsatz [REV15]. Für die im Betrieb maximal zulässigen Druckamplituden sind Grenzwerte definiert, die durch Einsatz der Flüssigkeitsschalldämpfer einzuhalten sind. Das entwickelte Fluidmodell ermöglicht durch die präzise Bestimmung der resultierenden Druckamplituden, vgl. Kapitel 4.4.1, eine modellbasierte Auslegung und Bewertung von Optimierungsmaßnahmen im hydrostatischen System zur Einhaltung der geforderten Grenzwerte, wobei die nichtlinearen Systemeigenschaften und der gesamte Betriebsbereich berücksichtigt werden können.

Im Folgenden wird das Fluidmodell zur Untersuchung des Einflusses der vorliegenden Helmholtz-Resonatoren untersucht. Die Resonatoren werden analog zum Leitungsmodell durch Finite-Volumen-Diskretisierung auf Basis der geometrischen Abmaße modelliert. Die Vorauslegung von Optimierungsmaßnahmen kann durch die Betrachtung des Übertragungsverhaltens erfolgen, vgl. Kapitel 4.3.2.1. In Abbildung 75 ist das Übertragungsverhalten der Ölkanäle mit und ohne Helmholtz-Resonator für beide Kanäle bei einem Referenzdruck von 25 bar gezeigt.

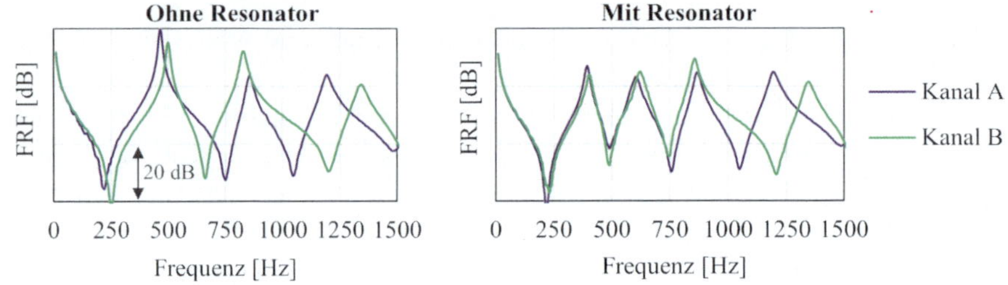

Abbildung 75: Übertragungsverhalten Ölkanäle: ohne (links) und mit (rechts) Helmholtz-Resonator

Der Resonator ist auf eine Resonanzfrequenz von etwa 500 Hz ausgelegt. Im Bereich der Auslegungsfrequenz bewirkt der Resonator, ähnlich zu der Wirkungsweise eines mechanischen Tilgers auf die Strukturdynamik, eine Verstimmung des Resonanzverhaltens der Ölsäule. Die dominante Überhöhung bei 500 Hz im System ohne Resonator, Abbildung 75 links, wird durch den Einsatz des Resonators in zwei abgeschwächte Überhöhungen aufgeteilt, Abbildung 75 rechts. Zur Bestimmung der resultierenden Amplituden der Druckpegel über den Betriebsbereich wird das Anregungs- und Resonanzverhalten im Fluidmodell kombiniert im Zeitbereich berechnet, Abbildung 76.

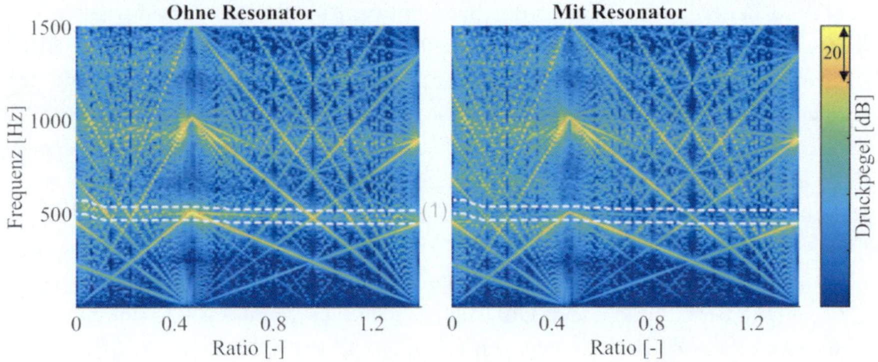

Abbildung 76: Vergleich der Druckpegels in Kanal A hinter der H1 ohne (links) und mit (rechts) Helmholtz-Resonator

Im System ohne Resonator treten um 500 Hz zahlreiche Resonanzen mit deutlichen Überhöhungen insbesondere im Bereich des Schaltpunktes auf. Die Wirksamkeit des Resonators ist durch die Amplitudenreduktion in dem mit (1) in Abbildung 76 gekennzeichneten Bereich deutlich erkennbar.

Die Wirksamkeit des Resonators wird auch mit der Betrachtung des Gesamtpegels des Fluiddrucks sichtbar, Abbildung 77.

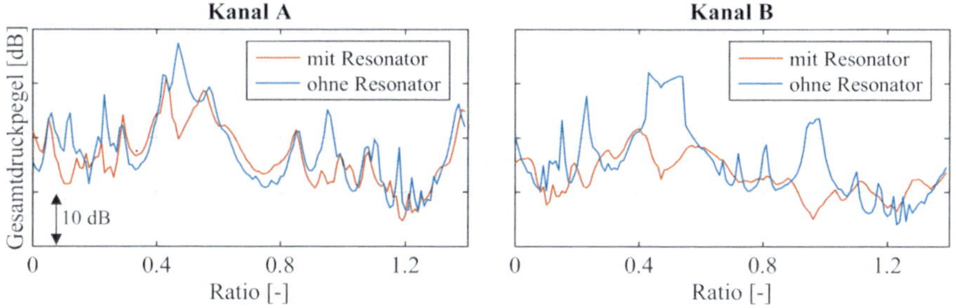

Abbildung 77: Einfluss des Resonators auf den Gesamtdruckpegel für Kanal A (links) und Kanal B (rechts)

Die Überhöhungen, insbesondere um den Schaltpunkt, werden in beiden Kanälen deutlich reduziert, teilweise um 10 bis 18 dB. Der Einsatz der Helmholtz-Resonatoren mit den gewählten spezifischen Abmaßen führt in nahezu allen Betriebspunkten zu einer Reduktion der Druckpegel.

Die Auslegung und Bewertung weiterer Optimierungsmaßnahmen zur Beeinflussung des Anregungs- und Übertragungsverhaltens des hydrostatischen Systems durch Nutzung des Fluidmodells sind in [PAS16] gezeigt. Zur Anregungsreduktion weist vor allem der Einsatz von Vorkompressionsvolumen zur Beeinflussung des Druckausgleichs während des Umsteuervorgangs hohes Potential auf.

5.1.2 Getriebegehäuse

Hinsichtlich des NVH-Verhaltens besteht für LVG ein Entwicklungsziel in der Reduktion des direkt vom Getriebegehäuse emittierten Luftschalls zur Senkung des in die Umgebung abgestrahlten und in die Kabine eingetragenen Luftschalls. Insbesondere den von der Getriebeoberseite in der Nähe des Kabinenbodens abgestrahlten Luftschall gilt es hierbei zu reduzieren. Das Getriebegehäuse weist als zentrales Element in der Schallübertragungskette ein hohes Potential zur Optimierung des Übertragungs- und Abstrahlverhalten auf.

Zur zielgerichteten Identifikation von Schwachstellen im Übertragungsverhalten und von kritischen Krafteinleitungsstellen wird das entwickelte Gesamtmodell mithilfe der

NTPA analysiert. Ziel ist es, dominante Pfade hinsichtlich der Hydrostatanregung zu identifizieren. Eine Herausforderung stellt die starke Kopplung der Pfade entlang des Getriebegehäuses dar. Als Empfängerpunkt wird ein Punkt auf dem oberen Gehäusedeckel ausgewählt, der eine hohe Korrelation zum abgestrahlten Luftschall aufweist. Die Definition der Interfaces sowie die Nummerierung der Elastomerbuchsen entspricht der in Abbildung 70 dargestellten Konfiguration. Die Analyse wird unter Anwendung der klassischen NTPA zur Identifikation von Optimierungspotential auf der Passivseite, also Gehäusestruktur, durchgeführt, vgl. Kapitel 4.5.3. Das Syntheseergebnis ist in Abbildung 78 dargestellt.

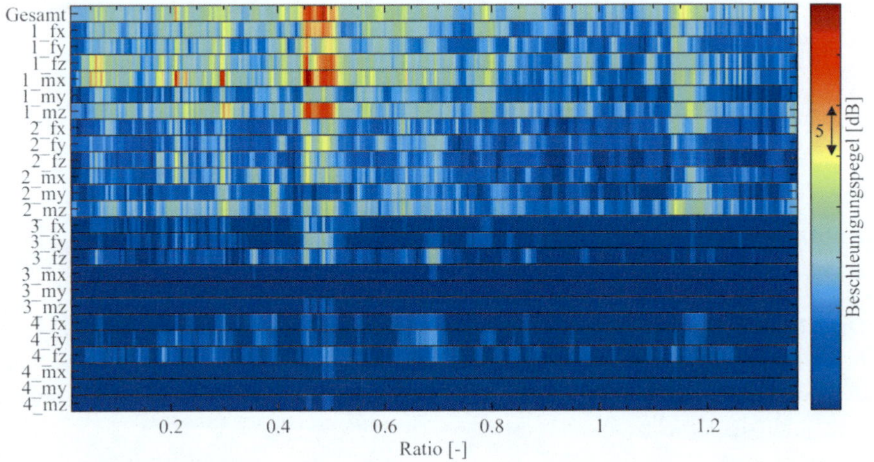

Abbildung 78: Pfadbeiträge oberer Gehäusedeckel des LVG

Die Aufschlüsselung des Körperschalls am Gehäusedeckel zeigt hohe Schallbeiträge der unteren Elastomerbuchsen 1 und 2, vor allem der linken Elastomerbuchse 1. Die oberen Buchsen 3 und 4 tragen nur sehr gering zum Gesamtschall am Empfängerpunkt bei. Des Weiteren zeigt die Aufschlüsselung der Pfadbeiträge an der Buchse 1, dass insbesondere Kräfte und Momente um die x- und z-Achse, also Fahrzeuglängs- und -hochachse, dominant sind.

Zur Reduktion des Gesamtpegels wird basierend auf dem NTPA Ergebnis die Anbindung der unteren Buchsenaufnahmen in die Gehäusestruktur optimiert. Ziel der Maßnahme ist die Reduktion der Anregbarkeit der Gehäusestruktur. Konstruktiv wird die optimierte Anbindung der Buchsenaufnahme durch eine Rippenstruktur umgesetzt, die ausgehend von der Buchsenaufnahme sternförmig angeordnet ist und in die Gehäusewandungen ausläuft. Die Rippenstruktur gewährleistet eine steifere Anbindung der Buchsenaufnahme vor allem für Anregungen um die x- und z-Achse. Zusätzlich wird zur Erhöhung der Impedanz an der Krafteinleitungsstelle die Masse der Buchsenaufnahme erhöht, mit dem Ziel einer zusätzlichen Reduktion der Anregbarkeit.

Zur Optimierung des Abstrahlverhaltens der Deckelstruktur wird mithilfe einer Topologieoptimierung eine optimierte Materialverteilung ermittelt. Ziel ist es, das Abstrahlverhalten durch eine Reduktion der Mobilität, also der Amplitudenausprägung, zu reduzieren. Zur Reduktion der Mobilität wird als mathematisches Optimierungsziel die Erhöhung ausgewählter Eigenfrequenzen vorgegeben. Die optimierte Deckelgeometrie wird unter der Randbedingung einer nur geringfügigen zulässigen Masseerhöhung durch Änderungen der Dichteverteilung iterativ bestimmt. Die Ergebnisse der Topologieoptimierung dienen als Basis zur Ableitung konstruktiver Maßnahmen. Der optimierte Gehäusedeckel weist eine gewölbte Geometrie mit asymmetrischer Rippenstruktur auf.

Die konstruktiven Optimierungsmaßnahmen an der Buchsenaufnahme und dem Gehäusedeckel werden mittels des Gesamtmodells auf Systemebene bewertet. Hierzu werden die Körper- und Luftschallpegel des Referenzsystems und des optimierten Systems unter Berücksichtigung des gesamten Betriebsbereichs gegenübergestellt. In Abbildung 79 ist links der simulierte Körperschallgesamtpegel auf dem Gehäusedeckel und rechts der simulierte abgestrahlte Luftschallgesamtpegel oberhalb des Getriebegehäuses im Referenzsystem und im optimierten System gegenübergestellt.

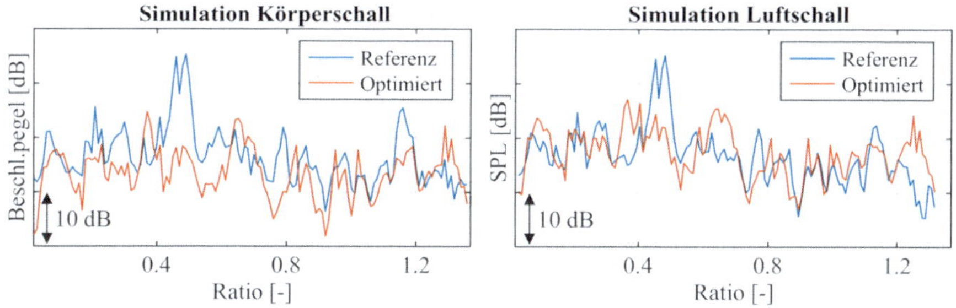

Abbildung 79: Vergleich simulierter Körperschall- (links) und Luftschallpegel (rechts) zwischen Referenzsystem und System mit optimiertem Getriebegehäuse

Der Vergleich zeigt deutliche Reduktionen des Gesamtpegels, wobei die maximalen Überhöhungen im Körperschall um etwa 10 dB und im Luftschall um etwa 7 dB reduziert sind.

Zwischen den Verläufen der Körper- und Luftschallpegel ist eine hohe Korrelation erkennbar. Die hohe Korrelation zeigt, dass das akustische Verhalten mithilfe der gewählten Körperschallmessstelle bewertet werden kann und eine Optimierung auf Körperschallebene ausreicht.

5.1.3 Messtechnische Validierung

Die akustischen Optimierungen am Getriebegehäuse wurden an einem Demonstratorgetriebe konstruktiv umgesetzt. Das optimierte Demonstratorgetriebe wurde analog zu den in Kapitel 4.2.2 vorgestellten Messungen auf dem Getriebeprüfstand unter gleichen Randbedingungen und gleicher Sensorkonfiguration wie das Referenzgetriebe vermessen. Die Gegenüberstellung der Gesamtpegel des gemessenen Körper- und Luftschalls über der Ratio sind in Abbildung 80 dargestellt. Zur Vergleichbarkeit sind die Pegelverläufe im gleichen Pegelbereich wie die simulativ ermittelten, vgl. Abbildung 79, dargestellt. Gegenüber der Simulation ist der Ratio-Bereich bei der Messung aufgrund der Restriktionen des Prüfstands nicht vollständig erfasst.

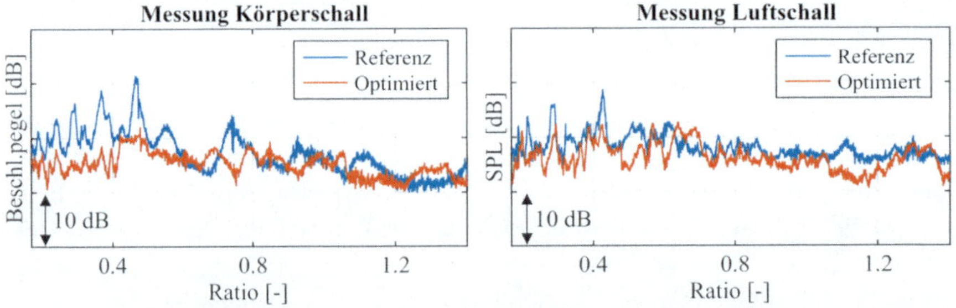

Abbildung 80: Experimenteller Vergleich Körperschall- (links) und Luftschallpegel (rechts) zwischen Referenzsystem und System mit optimiertem Getriebegehäuse

Das optimierte System weist über dem gesamten Ratio-Bereich eine Reduktion des Pegelniveaus auf. Die Körperschallmessung zeigt Pegelreduktionen der maximalen Überhöhungen von etwa 10 dB. Mit einer Pegelreduktion von 6 dB im Luftschall, was einer Halbierung des Luftschallpegels entspricht, zeigen die Optimierungsmaßnahmen eine hohe Wirksamkeit. Die Pegelreduktion und auch der generelle Verlauf zeigen hohe Übereinstimmungen zu den simulativ ermittelten Verläufen aus Abbildung 79. Insgesamt bestätigen die Prüfstandsmessungen das simulativ ermittelte Optimierungspotential und die konstruktive Umsetzung.

5.2 Verallgemeinerung

Das Systemmodell und die Modellierungsmethodik wurden basierend auf einer Getriebe- bzw. Traktorkonfiguration entwickelt. Als Eingangsgrößen für die Modellierung des Systemmodells dienten Geometrie-, Fluid- und Werkstoffparameter sowie die

Betriebsstrategie. Zusätzlich waren für einzelne Submodelle messtechnische Untersuchungen zur Validierung und Parameterermittlung notwendig.

Wie in Kapitel 4.4 durch den Vergleich mit Messdaten gezeigt, wird das nichtlineare Pulsationsverhalten der Hydrostaten des LVG sehr gut abgebildet. Durch die Betrachtung des gesamten geschlossenen hydrostatischen Getriebes in einem Fluidgesamtmodell kann neben den Hauptanregungen und den Resonanzeffekten im Leitungssystem auch das rückwirkungsbehaftete Anregungsverhalten der Hydrostaten und die hieraus entstehenden Modulationseffekte erfasst werden. Die Modellierung erfolgte vorwärtsgerichtet und ohne Anpassen der Modellparameter an Messergebnisse. Aufgrund der physikalischen Modellierung basierend auf den Geometrie- und Fluidparametern sowie der Betriebsstrategie ist das Modell direkt auf Systeme anderer Baugrößen übertragbar, was in [PAS16] für unterschiedliche LVG Varianten mit verschiedenen Hydrostatgrößen und Betriebsstrategien demonstriert ist. Da in dem betrachteten System der Druck auch auf der Niederdruckseite mit 25 bar so weit vorgespannt ist, dass auch lokal der Druck nicht unter den Sättigungsdruck abfällt, wurde der Einfluss ungelöster Luft im Öl vernachlässigt, vgl. Kapitel 4.3.2.1. Sollten derartige Randbedingungen für andere System nicht gegeben sein, ist die Modellierungsmethode hinsichtlich dieser Effekte zu erweitern und erneut zu validieren.

Basierend auf den berechneten Zylinderdrücken und der vorliegenden Hydrostatkinematik wurden die Anregungskräfte in Kennfelder ausgeleitet und anschließend betriebspunktabhängig auf das EMKS-Modell aufgeprägt. Die Validierung der Beschleunigungspegel auf dem Hydromodul bestätigen die hohe Abbildungsgenauigkeit des kennfeldbasierten Anregungsmodells, das, wie im vorliegenden Anwendungsfall gezeigt, auch für unterschiedlichste Betriebsbedingungen der Hydrostaten, wie positive und negative Schwenkwinkel und Antriebsdrehzahlen sowie weite Druck- und Drehzahlbereiche, einsetzbar ist. Die Modellierungsmethode der Hydrostatanregung ist somit für vorwärtsgerichtete Modellierungen nutzbar und auf andere Systeme übertragbar.

Die strukturdynamische Modellierung der Gehäusebaugruppen wurde von einem umfangreichen Validierungsprozess, mit dem Abgleichen von Modenformen und Eigenfrequenzen aus NMA und EMA auf Komponenten- und Baugruppenebene, begleitet, vgl. Kapitel 4.3.3.1 und 4.4.2. Für die betrachteten Gussbauteile unterliegen die Literaturwerte der Werkstoffparameter, vor allem des Elastizitätsmoduls, großen Streuungen. Auch die Herstellerangaben beinhalten Streuungen von 10-20 %. Mit den initial angenommenen Werkstoffparametern traten Eigenfrequenzabweichungen bis etwa 15 % auf Baugruppenebene und bis 20 % für einzelne Komponenten auf. Durch ein iteratives Anpassen der Werkstoffparameter konnten die Eigenfrequenzabweichungen auf Bauteil- und Baugruppenebene auf unter 5 % reduziert werden. Bei einer Übertragung der Methodik auf andere Systeme können auf die beschriebenen Validierungsmessungen und Anpassungen der Werkstoffparameter in Abhängigkeit der geforderten Genauigkeit ggf. verzichtet werden. Die Ermittlung der modalen Dämpfungen erfolgte auf Basis der EMA und ist mit heutigen Modellierungsverfahren insbesondere unter Berücksichtigung von Fügestellendämpfung und des Einflusses von Flächendichtmitteln nicht gesichert möglich. Unter Berücksichtigung der gegebenen Unsicherheiten ist die strukturdynamische Modellierung dennoch für ähnliche Systeme unter der Annahme ähnlicher Werkstoff- und Dämpfungsparameter vorwärtsgerichtet übertragbar. Sofern Prototypen im PEP vorliegen, wird eine Validierung, zumindest stichprobenartig, empfohlen.

Die Steifigkeits- und Dämpfungsparameter der Elastomerelemente wurden basierend auf Komponentenmessungen und anschließendem Fitting-Verfahren, vgl. Kapitel 4.2.4 und 4.3.3.2, bestimmt. Da die Elastomerelemente typischerweise bekannt sind und als Zukaufteile frühzeitig im PEP zur Verfügung stehen, ist dieses Vorgehen auch für vorwärtsgerichtete Modellierungen anwendbar.

Die Modellierung der Luftschallabstrahlung basiert auf den Geometrieparametern der schallabstrahlenden Oberflächen und den Fluideigenschaften der Luft und ist somit vorwärtsgerichtet auf andere Systeme übertragbar.

Wie in Kapitel 4.4 durch den Vergleich mit Messdaten gezeigt, ist die Genauigkeit der Methodik auf Systemebene in einer vorwärtsgerichteten Anwendung zwar bezüglich der Prognosegüte des absoluten Luftschallpegels begrenzt. Jedoch zeigt insbesondere das Körperschallverhalten, dass mithilfe der Methodik kritische Pfade, die in hydrostatischen Getriebeanregungen und Resonanzverhalten begründet sind, mit hoher Prognosegüte abgebildet werden können. Die Anwendung der Methodik im PEP erlaubt daher neben dem Vergleich von Konstruktionsvarianten zusätzlich auch Abschätzungen hinsichtlich der entwicklungsbegleitenden Überprüfung quantitativer NVH-Anforderungen, wie etwa maximale Beschleunigungspegel an definierten Schnittstellen.

Neben der Erfüllung des Hauptzwecks der NVH-Analyse bietet der große Modellumfang mit dem hohen Detailgrad weitere Nutzungsmöglichkeiten und somit weitere Modellzwecke. So kann das Gesamtmodell bzw. Submodelle genutzt werden, um bspw. Lasten und Verformungen an Krafteinleitungsstellen zu berechnen sowie Drehschwingungsanalysen z. B. für Regler- oder Torsionsdämpferauslegungen durchzuführen. Notwendige Änderungen beschränken sich hierbei lediglich auf Anpassungen der Randbedingungen; die Submodelle können unverändert bleiben.

Die vorgestellten NTPA-Methoden sind mit den in Kapitel 4.5.1 beschriebenen Eingangsdaten systemunabhängig auf jegliche Modelle, in denen Anregungs- und Übertragungsverhalten kombiniert betrachtet werden, anwendbar. Voraussetzung ist eine Substrukturierung des Gesamtmodells gemäß der gewählten Methode und der vorliegenden Fragestellung. Die im Rahmen dieser Arbeit vorgestellten Methoden dienen zur Analyse von Körperschallgrößen am Empfängerpunkt. Für den Fall, dass, wie in Kapitel 5.1.2 gezeigt, eine hohe Korrelation zwischen der Körper- und Luftschallpegel besteht, kann auch das akustische Verhalten auf Körperschallebene mithilfe der gezeigten Methoden optimiert werden. Für den Fall einer geringen Korrelation zwischen Körperschall- und Luftschallmessstellen, ist eine Optimierung auf Basis des berechneten Luftschalls empfehlenswert. Um analog zur körperschallbasierten NTPA auch mit einem Empfängerpunkt im Luftraum zielgerichtet Optimierungsmaßnahmen an der Maschinenstruktur ableiten zu können, wurde die vorgestellte NTPA-Methode zur direkten Einbeziehung des Luftschalls erweitert. Die Erweiterungen sind in [WPB+21] vorgestellt und demonstriert.

5.3 Fazit

Die vorgestellten validierten Modellierungs- und Analysemethoden ermöglichen die entwicklungsbegleitende, zielgerichtete Analyse und Optimierung des NVH-Systemverhaltes. Durch die physikalische Modellierung können Varianten mit konstruktiven Optimierungsmaßnahmen durch Parametervariationen erzeugt und die Auswirkung im Flüssigkeits-, Körper- und Luftschallverhalten frühzeitig auf Systemebene bewertet werden. Die Anwendung der NTPA verdeutlicht den hohen Nutzen für eine strukturierte und zielgerichtete Identifikation von Optimierungspotential auch in stark gekoppelten Systemen wie dem des untersuchten Traktorgetriebes. Die Umsetzung der simulativ ermittelten Optimierungsvarianten und Validierungsmessungen bestätigen das große Potential der Methodik für den Einsatz im PEP.

Die Verallgemeinerung zeigt, dass die vorgestellten Ergebnisse nicht an das Referenzfahrzeug gebunden sind; vielmehr können die vorgestellten Mess-, Modellierungs- und Validierungsmethoden als Leitfaden zur Übertragung auf ähnliche Systeme genutzt werden. Das entwickelte Modell der Hydrostatanregungen ist für vorwärtsgerichtete Entwicklungsprozesse ohne Parameteranpassungen an Messergebnisse anwendbar. Die strukturdynamischen Modelle sind aufgrund von Streuungen der Werkstoffparameter im vorwärtsgerichteten Prozess Unsicherheiten mit Eigenfrequenzabweichungen im Bereich von 10-20 % unterworfen. Zur Parametrierung der modalen Dämpfung können im vorwärtsgerichteten Prozess Erfahrungswerte dienen. Zur gesicherten Ermittlung von Steifigkeits- und Dämpfungsparametern von Elastomerelementen sind

Messungen an Probekörpern, die in der Regel als Zukaufteile frühzeitig im PEP vorliegen, anzuraten.

Die Übertragbarkeit der vorgestellten Modellierungsmethodik ist für ähnliche Systeme und ähnliche Fragestellungen bzw. Modellzwecke gegeben. Bei veränderten Fragestellungen lassen sich notwendige Modelländerungen basierend auf der gegebenen Modelleinordnung hinsichtlich des Modellzwecks, des Umfangs und der Genauigkeit, vgl. Kapitel 4.3 und Anhang A.1, transparent ermitteln. Die hohen Modellumfänge und Detailgrade der Submodelle bieten ohne weitere Änderungen oder ggf. nur unter Änderungen der Randbedingungen weitere Nutzungsmöglichkeiten, die den Nutzen derartiger Modelle im PEP zusätzlich steigern. Die Übertragbarkeit der NTPA-Methoden auf weitere Modelle ist unter der Voraussetzung einer entsprechenden Substrukturierung des zu analysierenden Modells systemunabhängig gewährleistet.

6 Zusammenfassung und Ausblick

6.1 Zusammenfassung

Ziel dieser Arbeit war die Entwicklung und Validierung einer Methodik, die es erlaubt, dominierende Auffälligkeiten im Noise Vibration Harshness (NVH)-Verhalten eines Traktors mit hydrostatisch-mechanischem Leistungsverzweigungsgetriebe (LVG) entwicklungsbegleitend zu bestimmen und zielgerichtet im Systemkontext zu analysieren. Der Stand der Technik und Initialmessungen zeigten die besondere Relevanz der hydrostatischen Getriebeanregungen, die das Körper- und Luftschallverhalten dominieren.

Zur Zielerreichung wurde ein Systemmodell, das die Domänen der Fluiddynamik, Strukturdynamik und Akustik kombiniert, in einem kleinschrittigen Bottom-up Prozess entwickelt und validiert. Zur Validierung wurden Prüfstandsmessungen am Gesamtsystem, an Subsystemen und Einzelkomponenten durchgeführt. Zur Modellbildung wurden relevante Systemgrenzen sowie Haupteinflussgrößen identifiziert. Bei der Modellierung der strukturdynamischen und akustischen Subsysteme wurde auf etablierte Methoden aus dem PKW-Bereich aufgesetzt. Für das Subsystem der Hydrostatanregung wurde eine neue Modellierungsmethode entwickelt. Durch die Entwicklung neuer Schnittstellen zwischen Anregungs-, Strukturdynamik- und Abstrahlungsmodell wurden die Submodelle in ein durchgängiges Gesamtmodell zusammengeführt.

Besonderer Fokus lag in der Entwicklung einer Modellierungsmethode zur Abbildung des nichtlinearen Anregungsverhaltens des geschlossenen hydrostatischen Getriebes im strukturdynamischen Maschinenverbund. Zur Erzielung einer hohen Berechnungseffizienz wurde für die Schnittstelle zwischen Fluidmodell und Elastischer Mehrkörpersimulation (EMKS) ein für die Systemsimulation bewährter Kennfeldansatz verfolgt. Hiermit konnte die Berechnung der Druckpulsationen vorab für sämtliche Betriebspunkte durchgeführt und die resultierenden Anregungskräfte in Form von Kennfeldern im EMKS-Modell für die Körperschallberechnung bereitgestellt werden. Mit einem speziell für die hydrostatischen Schrägachseinheiten entwickelten Kraftelement konnten die Anregungskräfte kennfeldbasiert ausgelesen und in Abhängigkeit des Systemzustands auf die Struktur aufgeprägt werden. Zur Ermittlung der für die Kennfeldberechnung erforderlichen Druckpulsationen wurde ein eindimensionaler Fluidsimulationsansatz gewählt, der eine effiziente Berechnung der zeitlich hochaufgelösten Druckverteilung im Leitungssystem ermöglichte. Hiermit konnten sowohl die

Hauptordnungen der Anregungen, verursacht durch kinematische und kompressionsbedingte Pulsationsvorgänge, das betriebspunktabhängige Resonanzverhalten des Leitungssystems sowie die durch Modulationseffekte auftretenden Seitenbänder berechnet werden. Der Vergleich mit gemessenen Druckpulsationen zeigt hohe Übereinstimmung sowohl der spektralen Zusammensetzung als auch der Amplitudenhöhe über den Betriebsbereich mit maximalen Abweichungen im Gesamtpegel von etwa 3 dB. Die hohe Abbildungsgenauigkeit wurde durch die Wahl der Systemgrenze über das gesamte hydrostatische Getriebe sowie die detaillierte Abbildung der Leitungs- und Hydrostatgeometrie und des Umsteuervorgangs erreicht.

Die strukturdynamische Modellierung des großen betrachteten Systems des Traktorantriebsstrangs mit zahlreichen Einzelkomponenten und Baugruppen wurde durch die Nutzung der EMKS und die Identifikation maßgeblicher Einflussgrößen ermöglicht. Hierbei wurden zur Validierung die Ergebnisse experimenteller und numerischer Modalanalysen herangezogen, die eine hohe Übereinstimmung der Modenformen und Eigenfrequenzen mit maximalen Abweichungen von weniger als 5 % zeigte. Zur Planung und effizienten Durchführung der EMA an komplexen Bauteilen und Baugruppen mit einer hohen Anzahl an zu berücksichtigenden Moden wurde zur Bestimmung optimaler Anregungspunkte die bekannte Optimum Driving Point (ODP) Methode weiterentwickelt. Die entwickelte Enhanced ODP (EODP) Methode ermöglicht die automatisierte Bestimmung einer minimalen Anzahl an Anregungspunkten zur Erfassung sämtlicher Moden des interessierenden Frequenzbereichs auch für komplexe Bauteile und Baugruppen, vgl. Kapitel 4.2.3.1. Das Strukturdynamikmodell wurde um das entwickelte Kraftelement zur Einbindung der nichtlinearen hydrostatischen Anregungen erweitert. Als Resultat des Anregungs- und Strukturdynamikmodells konnte der Körperschall hochaufgelöst im Zeitbereich berechnet werden. Der Abgleich mit Validierungsmessungen an relevanten Koppelstellen entlang der Transferpfade zeigt hohe Übereinstimmungen im Anregungs- und Eigenverhalten. An Messpositionen nahe an den Hydrostaten ist eine sehr gute Übereinstimmung zwischen Simulation und Messung erkennbar; kritische Überhöhungen werden qualitativ und quantitativ, mit geringen Abweichungen von bis zu 3 dB, sehr gut abgebildet. Entlang der Transferpfade auf dem Getriebegehäuse nehmen die Abweichungen im Gesamtpegel an dominanten Überhöhungen von etwa 3 dB an quellnahen auf etwa 6 dB an quellferneren Punkten zu. Die Zunahme der Abweichungen ist auf die Vielzahl an Anbauten entlang der Transferpfade zurückzuführen, die nicht oder nur vereinfacht im Modell berücksichtigt wurden. Auch der dämpfende Einfluss des Ölstands im Gehäuse wurde bei der Modellierung nicht berücksichtigt.

Zur Luftschallberechnung wurde basierend auf der Acoustic Transferpath Vector (ATV) Methode eine durchgängige Schnittstelle zwischen Strukturdynamik- und Akustikmodell entwickelt. Voraussetzung für die Durchgängigkeit der Schnittstelle war die Berechnung des ATV in der FEM und somit in der gleichen Simulationsumgebung, in der auch die strukturdynamische Gehäusemodellierung für die Reduktion erfolgte. Hierdurch konnte die Geometrieableitung des Akustikmodells basierend auf den vorhandenen Gehäusemodellen erfolgen, wodurch Geometrieabweichungen zwischen beiden Modellen vermieden und eine direkte Kopplung der Struktur- und Luftnetzknoten ohne weitere Modellierungsschritte oder Geometrievereinfachungen innerhalb einer Softwareumgebung erzielt und somit der Modellierungsaufwand auch für komplexe Strukturen gering gehalten werden konnte. Der Vergleich des direkt vom Getriebegehäuse abgestrahlten Luftschalls zeigt in Simulation und Messung hohe Übereinstimmungen in der spektralen Frequenzzusammensetzung mit maximalen Abweichungen des Gesamtpegels von 6 dB.

Die vibroakustischen Kabineneigenschaften wurden in einem hybriden Ansatz mit einbezogen, indem die messtechnisch ermittelten Körper- und Luftschalltransferpfade der Kabine an das numerische Modell gekoppelt wurden. Die Validierung des Luftschalls am Fahrerohr zeigt auf, dass der vereinfachte Modellierungsansatz der Kabine zwar nicht für eine pegelgetreue Abbildung mit einer über den Betriebsbereich nahezu konstante Pegeldifferenz von etwa 10 dB ausreicht. Hinsichtlich des qualitativen Pegelverlaufs über dem Betriebsbereich und der spektralen Geräuschzusammensetzung zeigt der berechnete Luftschall hingegen hohe Übereinstimmung zum gemessenen Luftschall, weshalb der hybride Ansatz sehr gut genutzt werden kann, um Konstruktionsvarianten hinsichtlich ihrer Auswirkung am Fahrerohr miteinander zu vergleichen.

Für eine produktive Nutzung des NVH-Systemmodells im Produktentstehungsprozess (PEP) wurden effiziente Analysemethoden auf Basis der im Messtechnikbereich bekannten Transferpfadanalyse (TPA)-Methoden zur Anwendung auf numerische Systemmodelle im Zeitbereich weiterentwickelt, um eine zielgerichtete Schwachstellenidentifikation und eine ganzheitliche Optimierung zu ermöglichen. Vor dem Hintergrund einer möglichst hohen Genauigkeit und Berechnungseffizienz erfolgte eine systematische Auswahl bestehender TPA Methoden zur Verbindung mit numerischen Modellen. Für die ausgewählte klassische Direct-Force und die komponentenbasierte Blocked-Force Methode wurde ein durchgängiger Berechnungsprozess mit jeweiligem Substrukturierungsansatz zur numerischen TPA (NTPA) für EMKS Modelle im Zeitbereich entwickelt und validiert. Es wurde gezeigt, dass die Methoden eine Aufschlüsselung der Pfadbeiträge bis zu den einzelnen translatorischen und auch rotatorischen Freiheitsgraden und somit eine zielgerichtete Identifikation von Schwachstellen im komplexen Transferverhalten erlauben. Durch die parallele Nutzung beider Methoden und durch die hohe Signalgüte ohne typische Messungenauigkeiten konnte eine direkte Gegenüberstellung der Syntheseergebnisse von klassischer und komponentenbasierter Methode durchgeführt und hieraus Empfehlungen zur Auswahl der Methode in Abhängigkeit der vorliegenden Problemstellung formuliert werden, vgl. Kapitel 4.5.3. Des Weiteren zeigte sich für die entwickelte komponentenbasierte Blocked-Force NTPA ein hohes Potential zur Rechenzeitreduktion für Variantenrechnungen, was bei der Anwendung im PEP deutliche Zeitersparnisse und schnellere Optimierungszyklen ermöglicht.

Abschließend wurde im Rahmen dieser Arbeit exemplarisch gezeigt, dass das entwickelte Systemmodell des Traktors kombiniert mit den zielgerichteten NTPA-Methoden im PEP zur Identifikation von Schwachstellen und Optimierung des NVH-Verhaltens wirksam genutzt werden kann. Mithilfe der numerischen Methoden wurden konstruktive Maßnahmen zur Beeinflussung des Flüssigkeits-, Körper- und Luftschalls im Systemkontext abgeleitet. Durch gezielte Massen- und Steifigkeitsänderungen am Getriebegehäuse konnten deutliche Pegelreduktionen um bis zu 10 dB im Körperschall und 6 dB im Luftschall erzielt werden. Die Optimierungsergebnisse konnten im Rahmen von Prüfstandsmessungen an einem Demonstrator-Getriebe bestätigt werden.

6.2 Ausblick

Eine sinnvolle Erweiterung der Modellierungsmethodik zur Steigerung der Prognosegüte des Kabineninnenraumluftschalls besteht in einem detaillierteren strukturdynamischen Kabinenmodell zur genaueren Prognose der dynamischen Anregungskräfte an der Kabinenaufhängung, vgl. Kapitel 4.3.5. Ein möglicher Ansatz besteht in einer rückwirkungsbehafteten Substruktur für die EMKS, deren dynamisches Verhalten an messtechnisch erfasste Übertragungsfunktionen und Modalparameter angenähert und das statische Verhalten aus einem vereinfachten numerischen Modell, ähnlich dem des vorgestellten Modell des Kabinenrahmens, ermittelt werden, vgl. Voruntersuchungen in [DEM20, SEN20]. Eine weitere Steigerung der Prognosegüte des Körper- und Luftschalls wird durch die Berücksichtigung des dämpfenden Einflusses des im Boden des Getriebegehäuses befindlichen Öls auf die Strukturdynamik erwartet.

Mögliche Erweiterungen zur Gewährleistung einer rein vorwärtsgerichteten Modellierung stellen Ansätze dar, die ohne aufwändige Messungen und Fitting-Prozesse eine modellbasierte Ermittlung von Dämpfungsparametern erlauben, insbesondere für die Bestimmung der Dämpfung, die aus dem Schlupfverhalten verschraubter Fügestellen und dem Einfluss von Flächendichtmitteln, vgl. Kapitel 4.2.3.2, resultieren sowie für die Bestimmung der Dämpfungsparameter von Elastomerelementen.

Des Weiteren bietet die gezeigte komponentenbasierte Blocked-Force NTPA-Methode aufgrund ihrer Recheneffizienz hohes Potential zur Einbindung in automatisierte Optimierungsrechnungen in der EMKS, vgl. Voruntersuchungen in [TAN21].

7 Literaturverzeichnis

Referenzen

[AON+15] Acri, A.; Offner, G.; Nijman, E.; Corradi, R.: Numerical Transfer Path Analysis for the Assessment of Air-borne Noise in Internal Combustion Engines. In: Proceedings, International Conference on Engineering Vibration, Ljubljana, Slovenia, 7-10 September 2015, S. 384–393, 2015.

[AGW12] Adams, T.; Grant, C.; Watson, H.: A Simple Algorithm to Relate Measured Surface Roughness to Equivalent Sand-grain Roughness. In: International Journal of Mechanical Engineering and Mechatronics, S. 66–71, 2012.

[AHM14] Ahmadi, I.: Development and evaluation of full-vehicle vibration model of MF 285 tractor. In: Res. Agr. Eng. 60 (No. 3), S. 107–114, 2014.

[AB82] Allemang, R. J.; Brown, D. L.: A Correlation Coefficient for Modal Vector Analysis. In: Proceedings, 1st International Modal Analysis Conference, 8-10 November 1982, S. 110–116, 1982.

[ARN16] Asif Basha, S.; Ravindran, V.; Nageshwar Rao, P.: Vibro-Acoustic Simulation of Power train using Finite Element Technique & Correlation with test data. In: Proceedings of ISMA 2016, International Conference on Noise and Vibration Engineering, International Conference on Uncertainty in Structural Dynamics, S. 3749–3763, 2016.

[BAN10] Banse, G.: Nicht so exakt wie möglich, sondern so genau wie nötig! - Das Einfachheitsprinzip in den Technikwissenschaften. In: Einfachheit als Wirk-, Erkenntnis- und Gestaltungsprinzip. Wissenschaftliche Plenarveranstaltung der Leibniz-Sozietät der Wissenschaften zu Berlin am 08.04.2010, S. 93–104, 2010.

[BPJ+16] Barač, Ž.; Plaščak, I.; Jurić, T.; Jurišić, M.: The influence of tractor exploitation time on the generated noise level. In: Teh. vjesn. 23 (5), 2016.

[BAT02] Bathe, K.-J.: Finite-Elemente-Methoden. 2., vollst. neu bearb. und erw. Aufl. Berlin, Heidelberg: Springer, 2002.

[BAU19] Baum, H.: Druckschwingungsanalyse hydrostatischer Antriebsstränge. In: O+P Fluidtechnik (63), S. 36–41, 2019.

[BEC17] Becker, J.: Methoden zur Modellbildung der Strukturdynamik von Statorblechpaketen von PKW-Elektromotoren. Masterarbeit. RWTH Aachen University. IME, 2017.

[BER93] Bergemann, M.: Systematische Untersuchung des Geräuschverhaltens von Kolbenpumpen mit ungerader und mit gerader Kolbenanzahl. Dissertation. RWTH Aachen, 1993.

[BER17] Berroth, J.: Einfluss der Stelldynamik der Rotorblätter auf die Lasten der Blattverstellsysteme von Windenergieanlagen. Dissertation. RWTH Aachen University, 2017.

[BET77] Bettess, P.: Infinite elements. In: Int. J. Numer. Meth. Engng. 11 (1), S. 53–64, 1977.

[BIT12] Bittner, U.: Strukturakustische Optimierung von Axialkolbeneinheiten. Modellbildung, Validierung und Topologieoptimierung. Karlsruhe, KIT, Dissertation, 2012.

[BÖH01] Böhler, H.: Traktormodell zur Simulation der dynamischen Belastungen bei Transportfahrten. München, Techn. Univ., Diss. Düsseldorf: VDI-Verl., 2001 (Fortschritt-Berichte VDI Reihe 14, Landtechnik/Lebensmitteltechnik, 104)

[BDE+61] Bouché, C.; Deublein, O.; Ebert, K.-A.; Eck, B.; Fröhlich, F.; Garve, A. et al.: Dubbels Taschenbuch für den Maschinenbau. zwölften völlig neubearbeiteten Auflage. Berlin, Heidelberg: Springer, 1961.

[BCG+09] Braghin, F.; Cheli, F.; Genoese, A.; Sabbioni, E.; Bisaglia, C.; Cutini, M.: Experimental modal analysis and numerical modelling of agricultural vehicles. In: 27th Conference and Exposition on Structural Dynamics 2009. (IMAC XXVII) ; Orlando, Florida, USA, 9 - 12 February 2009. Red Hook, NY: Curran, 2009.

[BRA11] Brandt, A.: Noise and vibration analysis. Signal analysis and experimental procedures. Chichester, UK: John Wiley and Sons Ltd, 2011.

[CFC15] Cavallo, E.; Ferrari, E.; Coccia, M.: Likely technological trajectories in agricultural tractors by analysing innovative attitudes of farmers. In: IJTPM 15 (2), S. 158–177, 2015.

[CZM+20] Cazzaniga, S.; Zecchi, M.; Marella, R.; Beavers, T.: How to improve operator comfort in a tractor with low noise gear pump technology. In: Land.Technik 2020. 78th International Conference on Agricultural Engineering: Online Conference, 3-4 November 2020. Düsseldorf: VDI-Verlag GmbH, 2020 (VDI-Berichte, 2374), S. 335–344

[CLA21] CLAAS Industrietechnik: EQ200 – Stufenlose Getriebe, 2021, Online verfügbar unter https://www.claas-industrietechnik.com/produkte/antriebstechnik/eq200, zuletzt geprüft am 09.02.2021

[CB68] Craig, R. R. [Jr.]; Bampton, M. C. C.: Coupling of substructures for dynamic analyses. In: AIAA Journal 6 (7), S. 1313–1319, 1968.

[DAS20] Dassault Systèmes Simulia Corp.: Simpack User Assistance. Simpack Release 2020x, 2020.

[DAS19] Dassault Systèmes Simulia Corp.: Abaqus 2019 Documentation, 2019.

[DEM20] Demir, R.: Entwicklung einer Methode zur Integration messtechnisch ermittelter Strukturdynamikparameter in die Mehrkörpersimulation. Masterarbeit. RWTH Aachen University. MSE, 2020.

[DØS88] Døssing, O.: Structural Testing. Part 1, Mechanical Mobility Measurements: Brüel & Kjær Primer, 1988.

[DJM+21] Drichel, P.; Jaeger, M.; Müller-Giebeler, M.; Berroth, J.; Schröder, M.; Behler, G. et al.: Influence of Model Detail Level on the Prognosis Quality of the Perceived Sound of an Electrified Passenger Car Powertrain. In: IOP Conference Series: Materials Science and Engineering 1097 012010, 2021.

[DRÖ19] Drögemüller, M.: Auslegung und messtechnische Charakterisierung eines partikelgefüllten Dämpfers zum Einsatz in der Lagerung elektrifizierter PKW-Antriebsstränge. Bachelorarbeit. RWTH Aachen University. MSE, 2019.

[ESS96] Esser, J.: Adaptive Dämpfung von Pulsationen in Hydraulikanlagen. Dissertation. RWTH Aachen, 1996.

[ESS95] Esser, J.: Pulsationsdämpfer für die Mobilhydraulik. In: O+P Ölhydraulik und Pneumatik 39 (11-12), S. 824–827, 1995.

[EST08] Estorff, O. von: Challenges in Technical Acoustics: What Can Be Computed Today. 7. LS-DYNA Anwenderforum, Bamberg 2008. Hamburg University of Technology, Institute of Modelling and Computation, 2008.

[EWI00] Ewins, D. J.: Modal Testing. Theory, Practice and Application. 2. ed. Baldock: Research Studies Press, 2000.

[EXN18] Exner, L. N.: Implementierung der Strukturintensitätsberechnung mit ANSYS. Bachelorarbeit. RWTH Aachen University. MSE, 2018.

[FE11] Fehr, J.; Eberhard, P.: Simulation process of flexible multibody systems with non-modal model order reduction techniques. In: Multibody Syst Dyn 25 (3), S. 313–334, 2011.

[FER09] Ferhadbegović, B.: Entwicklung und Applikation eines instationären Reifenmodells zur Fahrdynamiksimulation von Ackerschleppern. Zugl.: Stuttgart, Univ., Diss., 2008. Aachen: Shaker, 2009.

[FC13] Ferrari, E.; Cavallo, E.: Operators' perception of comfort in two tractor cabs. In: Journal of Agricultural Safety and Health 19 (1), S. 3–18, 2013.

[FIE00] Fiebig, W.: Schwingungs- und Geräuschverhalten der Verdrängerpumpen und hydraulischen Systeme. Vorgehensweise, Maßnahmen und Potential zur Geräuschminderung. Dissertation. Universität Tübingen, 2000.

[FBS+13] Fietkau, P.; Baumann, A.; Sanzenbacher, S.; Bertsche, B.: Simulation und Optimierung des Geräuschverhaltens von Fahrzeuggetrieben. In: ATZ Automobiltech Z 115 (9), S. 730–735, 2013.

[FÖR96] Förster, H. J.: Stufenlose Fahrzeuggetriebe in mechanischer, hydrostatischer, hydrodynamischer, elektrischer Bauart und in Leistungsverzweigung. Grundlagen, Bauformen, Wechselwirkung. Köln: Verlag TÜV Rheinland, 1996.

[FUC22] Fuchs, A.: Verbesserung des Fahrkomforts und der Effizienz. In: ATZ Heavy Duty 15 (1), 2022.

[GAM16] Gamma Technologies, Inc.: GT-SUITE - Flow Theory Manual. Version 2016, 2016.

[GTE+02] Gérard, F.; Tournour, M.; El Masri, N.; Cremers, L.; Felice, M.; Selmane, A.: Acoustic transfer vectors for numerical modeling of engine noise. In: Journal of Sound and Vibration 36 (7), 20-25, 2002.

[GOE07] Goenechea, E.: Mechatronische Systeme zur Pulsationsminderung hydrostatischer Verdrängereinheiten. Dissertation. RWTH Aachen, 2007.

[GOE79] Goesele, R.: Volumenstromschwankungen an hydrostatischer Pumpen. In: O+P Ölhydraulik und Pneumatik 23 (5), S. 371–376, 1979.

[GKV+18] Gorelov, V. A.; Komissarov, A. I.; Vdovin, D. S.; Gaev, S. V.; Vyaznikov, M. V.; Taratorkin, I. A.: Method of the strength analysis of a track-type tractor undercarriage with the use of multibody simulation and fininte element analysis. In: Tractors and Agricultural Machinery Vol. 85 (4), S. 63–70, 2018.

[GRA07] Graf, B.: Validierung von Methoden zur Berechnung und Reduzierung der Schallabstrahlung von Getriebegehäusen. Diss.: Univ.-Verl. Ilmenau, 2007.

[HAA84] Haarhaus, M.: Geräuschentstehung und Geräuschminderung bei Axialkolbenpumpen in Schrägscheibenbauweise. Disseration. RWTH Aachen, 1984.

[HER12] Hering, T.: Strukturintensitätsanalyse als Werkzeug der Maschinenakustik. Dissertation, 2012.

[HBC+21] Hipparge, V.; Bhalerao, S.; Chavan, A.; Chaudhari, V.; Suresh, R.: Agricultural Tractor Engine Noise Prediction and Optimization through Test and Simulation Techniques. In: SAE Technical Paper Series: SAE International400 Commonwealth Drive, Warrendale, PA, United States, 2021.

[HOF76] Hoffmann, D.: Die Dämpfung von Flüssigkeitsschwingungen in Ölhydaulikleitungen. In: VDI-Forschungsheft (575), 1976.

[HPD+19] Höpfner, G.; Pasch, G.; Drichel, P.; Berroth, J.; Jacobs, G.: Modellbildung und Analyse des NVH-Verhaltens moderner Antriebsstrangkonzepte am Beispiel eines elektrifizierten PKW sowie eines Traktors. In: B. Schlecht (Hg.): Dresdner Maschinenelemente Kolloquium. DMK 2019 : 26.-27. Nov: Sierke Verlag, 2019, S. 543–560

[HLG18] Hristozova, L.; Lamesch, C. J. G.; Göbel, J.: Implementierung von Benutzer- und Software-Schnittstellen für eine anwendungsspezifische Toolbox. Optimum Driving Point und objektorientierte Datenstruktur. Projektarbeit. RWTH Aachen University. IME, 2018.

[IE97] Imamovic, N.; Ewins, D. J.: Optimization of excitation DOF selection for modal tests. In: Proceedings of SPIE, the International Society for Optical Engineering (3089), S. 1945–1951, 1997.

[II93] Ivantysyn, J.; Ivantysynova, M.: Hydrostatische Pumpen und Motoren. Konstruktion und Berechnung. 1. Aufl. Würzburg: Vogel, 1993.

[IHC04] Ivantysynova, M.; Huang, C.; Christiansen, S.-K.: Computer Aided Valve Plate Design - An Effective Way to Reduce Noise. In: SAE Transactions 113, S. 162–173, 2004.

[JKB+22] Jacobs, G.; Konrad, C.; Berroth, J.; Zerwas, T.; Höpfner, G.; Spütz, K.: Function-Oriented Model-Based Product Development. In: D. Krause und E. Heyden (Hg.): Design Methodology for Future Products. Cham: Springer International Publishing, 2022, S. 243–263

[JDM+19] Jaeger, M.; Drichel, P.; Müller-Giebeler, M.; Schröder, M.; Berroth, J.; Behler, G. et al.: Erweiterung NVH Simulationsmodell. Erweiterung der Simulationsmöglichkeiten für maschinenakustische Untersuchungen an E-Motive-Antrieben im Kontext zur Fahrzeugstruktur. FVA Heft Nr. 1730: Forschungsvereinigung Antriebstechnik e.V., 2019.

[JDS+20] Jaeger, M.; Drichel, P.; Schröder, M.; Berroth, J. K.; Jacobs, G.; Hameyer, K.: The coupling of electrotechnical and structural dynamics domains for a NVH system model of an electrical drive train. In: Elektrotechnik und Informationstechnik 137/4-5, S. 258–265, 2020.

[JSJ15] Jandrey, H.; Schelenz, R.; Jacobs, G.: Verbesserte Analyse und Verständnis der Antriebsstrangdynamik durch die Nutzung von flexiblen Strukturen. FVA Heft Nr. 1133. Forschungsvorhaben Nr. 652 I: Forschungsvereinigung Antriebstechnik e.V., 2015.

[JAR97] Jarchow, M.: Maßnahmen zur Minderung hochdruckseitiger Pulsationen hydrostatischer Schrägscheibeneinheiten. Dissertation. RWTH Aachen, 1997.

[JLW13] Jochum, S.; Lange, S.; Wolff, K.: Akustikoptimierung Eines Hydromechanischen Getriebes. In: ATZ Offhighway 6 (1), S. 72–79, 2013.

[KI19] Kalbfleisch, P. K.; Ivantysynova, M.: Computational Valve Plate Design in Axial Piston Pumps/Motors. In: International Journal of Fluid Power 20 (2), S. 177–208, 2019.

[KAM16] Kamper, T.: Validierte Modellierungsmethodik für die Simulation des Körperschallverhaltens von Getrieben in Windenergieanlagen. Dissertation. RWTH Aachen University, 2016.

[KMK13] Kanase, A.; Mane, Y.; Kulkarni, A.: Manual Gearbox Gear Whine Noise Prediction and Importance of Parametric Sensitivity in NVH. In: SAE Technical Paper Series. Symposium on International Automotive Technology 2013, JAN. 09, 2013, 2013.

[KAU84] Kauert, P.: Hydraulikpumpen, -motoren und -aggregate. In: W. Fasold, W. Kraak und W. Schirmer (Hg.): Taschenbuch Akustik. Teil 1: Physikalische Grundlagen, Schalleinwirkung auf den Menschen, Lärmschutzforderungen, Messtechnik, Maschinenakustik. Berlin: VEB Verlag Technik, 1984.

[KLE15] Klein, B.: FEM. Grundlagen und Anwendungen der Finite-Element-Methode im Maschinen und Fahrzeugbau. Wiesbaden: Springer, 2015.

[KLE08] Klein, U.: Schwingungsdiagnostische Beurteilung von Maschinen und Anlagen. 3. überarb. Aufl., unveränd. Nachdr. Düsseldorf: Stahleisen, 2008.

[KRV08] Klerk, D. de; Rixen, D. J.; Voormeeren, S. N.: General Framework for Dynamic Substructuring: History, Review and Classification of Techniques. In: AIAA Journal 46 (5), S. 1169–1181, 2008.

[KLU20] Klump, D.: Entwicklung einer Methode zur Einbindung der FE-basierten Schallabstrahlungsrechnung in die Systemsimulation. Masterarbeit. RWTH Aachen University. MSE, 2020.

[KW17] Knothe, K.; Wessels, H.: Finite Elemente. Eine Einführung für Ingenieure. 5. Auflage. Berlin: Springer, 2017.

[KOL00] Kollmann, F. G.: Maschinenakustik. Grundlagen, Meßtechnik, Berechnung, Beeinflussung. 2., neubearbeitete Auflage. Berlin, Heidelberg: Springer, 2000.

[KAS06] Kollmann, F. G.; Angert, R.; Schösser, T. F.: Praktische Maschinenakustik. Berlin, Heidelberg: Springer-Verlag Berlin Heidelberg, 2006.

[KM15] Krüger, J.; Meyer, H. J.: Fahrdynamik - Fahrsicherheit - Fahrerplatz. In: L. Frerichs (Hg.): Jahrbuch Agrartechnik 2014. Braunschweig: Institut für mobile Maschinen und Nutzfahrzeug, 2015.

[LR88] Lang, C. M.; Rothmund, J.: Impedanzen in hydrostatischen Systemen. In: O+P Ölhydraulik und Pneumatik (32), S. 822–828, 1988.

[LEH05] Lehtonen, T. J.: Validation of an agricultural tractor MBS model. In: IJHVS 12 (1), S. 16–27, 2005.

[LI20] Li, Y.: Methode zur Auswertung numerischer NVH-Systemmodelle auf Basis von Transferpfadanalyse. Bachelorarbeit. RWTH Aachen University. MSE, 2020.

[LOB20] Lobato, T. H. G.: Verbesserung der Ergebnisgenauigkeit bei der Schallquellen-Lokalisation mithilfe Methoden des maschinellen Lernens. Masterarbeit. RWTH Aachen University. MSE, 2020.

[MAR02] Marburg, S.: Six boundary elements per wavelength: Is that enough? In: Journal of Computational Acoustics 10 (01), S. 25–51, 2002.

[MTG01] McCulloch, C.; Tournour, M.; Guisset, P.: Modal Acoustic Transfer Vectors Make Acoustic Radiation Models Practical for Engines and Rotating Machinery. In: LMS International, 2001.

[MP05] Mesquita, E.; Pavanello, R.: Numerical methods for the dynamics of unbounded domains. In: Journal of Computational and Applied Mathematics 24 (1), 2005.

[MM16] Milind, T. R.; Mitra, M.: A Study on the Dynamics and Vibration Behavior of an Axial Piston Pump Using Combined MBD/FE Approach. In: Procedia Engineering (144), S. 452–460, 2016.

[ME10] Mohaghegh-Motlagh, A.; Elahinia, M.: Dynamic force profile in hydraulic hybrid vehicles: a numerical investigation. In: Vehicle System Dynamics 48 (4), S. 405–428, 2010.

[MOO00] Moosrainer, M.: Fluid-Struktur-Kopplung. Vibroakustische Lösungsmethoden und Anwendungen. Zugl.: München, Univ. der Bundeswehr, Diss. Düsseldorf: VDI-Verl., 2000.

[MFR02] Moser, F.; Fischer, M.; Rumold, W.: Dreidimensionale Messung von Betriebsschwingformen quietschender Scheibenbremsen. In: VDI-Berichte (Nr. 1736), S. 71–83, 2002.

[MÜL02] Müller, B.: Einsatz der Simulation zur Pulsations- und Geräuschminderung hydraulischer Anlagen. Dissertation. RWTH Aachen, 2002.

[MUR16] Murrenhoff, H.: Grundlagen der Fluidtechnik. Teil 1: Hydraulik. 8., korrigierte Auflage. Aachen: Shaker Verlag, 2016.

[MUT09] Mutschler, S.: Bewertung und Optimierung von Getriebekonzepten für mobile Arbeitsmaschinen. Dissertation. Techn. Univ., 2009.

[NAF11] Nafz, T.: Aktive Ventilumsteuerung von Axialkolbenpumpen zur Geräuschreduktion hydraulischer Anlagen. Zugl.: Aachen, Techn. Hochsch., Diss., 2011. Aachen: Shaker, 2011.

[NEH12] Neher, J.: Rechnerische und experimentelle Untersuchungen der Schallabstrahlung bei Fahrzeuggetrieben. Dissertation. Technische Universität Ilmenau, 2012.

[NIE17] Niehues, J.: Sensorische Leistungsbilanzierung des Antriebsstrangs zur Prozessoptimierung im Feldhäcksler. Masterarbeit. RWTH Aachen University. IME, 2017.

[PLH+18] Pan, Y.; Li, Y.; Huang, M.; Liao, Y.; Liang, D.: Noise source identification and transmission path optimisation for noise reduction of an axial piston pump. In: Applied Acoustics 130, S. 283–292, 2018.

[PAS16] Pasch, G.: Rechnergestützte Analyse zur Minderung des Flüssigkeitsschalls in hydrostatisch-mechanischen Leistungsverzweigungsgetrieben. Masterarbeit. RWTH Aachen University. IFAS, 2016.

[PJB21] Pasch, G.; Jacobs, G.; Berroth, J.: Numerical Transfer Path Analysis for NVH System-Simulation Models. In: IOP Conference Series: Materials Science and Engineering 1097 012008, 2021.

[PJB20] Pasch, G.; Jacobs, G.; Berroth, J.: NVH System Simulation of a Tractor with Hydrostatic-Mechanical Power Split Transmission. In: LANDTECHNIK (Bd. 75 Nr. 4), S. 301–315, 2020.

[PJH+19] Pasch, G.; Jacobs, G.; Höpfner, G.; Berroth, J.: Methodik zur modellbasierten NVH-Analyse von Traktoren mit hydrostatisch-mechanischen Leistungsverzweigungsgetrieben. In: G. Jacobs und J.

Marheineke (Hg.): Antriebstechnisches Kolloquium ATK 2019. Norderstedt: Books on Demand, 2019a, S. 309–328

[PJH+19] Pasch, G.; Jacobs, G.; Höpfner, G.; Berroth, J.: Multi-Domain Simulation for the Assessment of the NVH Behaviour of a Tractor with Hydrostatic-Mechanical Power Split Transmission. In: LAND.TECHNIK AgEng 2019. Düsseldorf: VDI Verlag, 2019b (VDI-Berichte, 2361), S. 19–28

[PWD+22] Pasch, G.; Wischmann, S.; Drichel, P.; Jacobs, G.; Berroth, J.: Enhanced Method for Optimum Driving Point Identification for Modal Testing. In: Journal of Vibration and Control, 2022.

[PBK19] Peitz, S.; Bender, M.; Kothe, D.: Messtechnische Charakterisierung des dynamischen Verhaltens von Elastomerelementen eines Traktorantriebstrangs. Projektarbeit. RWTH Aachen University. MSE, 2019.

[PBB+10] Pflüger, M.; Brandl, F.; Bernhard, U.; Feitzelmayer, K.: Fahrzeugakustik. Wien: Springer, 2010.

[PLE10] Pletschen, B.: Akustikgestaltung in der Fahrzeugentwicklung. In: K. Genuit (Hg.): Sound-Engineering im Automobilbereich, Bd. 91. Berlin, Heidelberg: Springer Berlin Heidelberg, 2010, S. 89–108

[PLU05] Plunt, J.: Finding and Fixing Vehicle NVH Problems with Transfer Path Analysis. In: Sound and Vibration (39), S. 12–16, 2005.

[REV15] Ratzke, M.; Eisold, T.; Verhorst, J.-W.: Getriebeanordnung. Angemeldet durch CLAAS Industrietechnik GmbH. Veröffentlichungs-Nr: DE102014109066A1, 2015.

[RGS14] Rauber, S.; Garde, S.; Schindler, C.: Simulation des Schwingungsverhaltens eines gefederten Fahrersitzes in horizontaler und vertikaler Richtung mittels eines Mehrkörper-Modells. In: Land.Technik 2014. VDI-MEG Tagung Landtechnik 19./20.11.2014 Berlin. Düsseldorf: VDI Verlag, 2014 (VDI-Berichte, 2226), S. 369–375

[REN19] Renius, K. T.: Fundamentals of Tractor Design. Cham: Springer, 2019.

[REN03] Renius, K. T.: Hydrostatische Fahrantriebe für mobile Arbeitsmaschinen. In: Antriebssysteme für Off-Road-Einsätze. Tagung Garching, 18. und 19. September 2003. VDI-Berichte 1793. Düsseldorf: VDI-Verlag, 2003 (VDI-Berichte, 1793), S. 65–78

[RK13] Renius, K. T.; Knechtges, H. J.: Traktoren 2012/2013. In: ATZ Offhighway 6 (3), S. 10–21, 2013.

[RCK13] Resch, T.; Courtois, S.; Klarin, B.: Gear Noise Caused by Engine and Transmission Interaction - An Assement Applying MBD and WBT Simulation. In: 14. MTZ-Fachtagung VPC — Virtual Powertrain Creation (74), 2013.

[RKW+15] Rick, S.; Klein, J.; Wegerhoff, M.; Hameyer, K.; Vorländer, M.; Jacobs, G.: E-MOTIVE NVH-Simulationsmodell. Modellbildung zur NVH Simulation eines E-MOTIVE Antriebsstrangs. FVA Heft Nr. 1130: Forschungsvereinigung Antriebstechnik e.V., 2015.

[RNS06] Riemann, D.; Nettelbeck, C.; Sottek, R.: Hybrider Ansatz zur interaktiven Auralisierung des Antriebsstrangs mittels gemessener und berechneter Anregungsdaten. DAGA 2006, Braunschweig, 2006.

[SAN16] Sanzenbacher, S.: Reduzierung von Getriebegeräuschen durch Körperschallminderungsmaßnahmen. Dissertation. Universität Stuttgart, 2016.

[SKS01] Schaumann, P.; Kleineidam, P.; Seidel, M.: Zur FE-Modellierung von zugbeanspruchten Schraubenverbindungen. In: Stahlbau 70 (2), S. 73–84, 2001.

[SCH17] Schleihs, C.: Acoustic design of hydraulic axial piston swashplate machines. Dissertation. RWTH Aachen University. IFAS, 2017.

[SGM12] Schleihs, C.; Gels, S.; Murrenhoff, H.: Lärmbekämpfung in der Hydraulik, geeignete Maßnahme, um die Schallpegelwerte zu senken. In: O + P : Zeitschrift für Fluidtechnik : Konstruktions-Jahrbuch 37.2012/2013, 2012.

[SCH19] Schmidt, K. U.: Modellierung der dynamischen Anregungskräfte von hydrostatischen Axialkolbeneinheiten in Schrägachsenbauweise in der Mehrkörpersimulation. Masterarbeit. RWTH Aachen University. MSE, 2019.

[SCH97] Schmiechen, P.: Travelling wave speed coincidence. Dissertation. Imperial College of Science, Technology and Medicine, University of London, 1997.

[SW99] Schwertassek, R.; Wallrapp, O.: Dynamik flexibler Mehrkörpersysteme. Methoden der Mechanik zum rechnergestützten Entwurf und zur Analyse mechatronischer Systeme. Wiesbaden: Vieweg+Teubner Verlag, 1999.

[SEI18] Seifert, K.: Erweiterung des strukturdynamischen Antriebsstrangmodells eines Traktors um Fluid-Struktur-Kopplung und Validierung mittels Modalanalyse. Bachelorarbeit. RWTH Aachen University. MSE, 2018.

[SDS17] Seifert, K.; Dalkiz, R.; Singh, R.: Modale Reduktion von Triebstrangkomponenten zur Simulation des Strukturverhaltens eines Ackerschleppers. Projektarbeit. RWTH Aachen University. IME, 2017.

[SEI08] Seiffert, U.: Virtuelle Produktentstehung für Fahrzeug und Antrieb im Kfz. Prozesse, Komponenten, Beispiele aus der Praxis. ATZ-MTZ-Fachbuch. 1. Aufl. Wiesbaden: Vieweg + Teubner, 2008.

[SEN20] Sen, R.: Hybride Modellbildung des strukturdynamischen Verhaltens mechanischer Systeme in der elastischen Mehrkörpersimulation auf Basis von virtuellen Messungen. Mini Thesis. RWTH Aachen University. MSE, 2020.

[SHA14] Shabana, A.: Dynamics of multibody systems. Fourth edition. Cambridge: Cambridge University Press, 2014.

[SIE20] Siemens: Simcenter 3D Pre/Post overview. Simcenter 3D 2020.2 Series, 2020, Online verfügbar unter https://docs.sw.siemens.com/en-US/product/289054037/doc/PL20191127135404299.advanced/html/id626011, zuletzt aktualisiert am 26.03.2021

[SIM07] Simulia: Sound Radiation Analysis of Automobile Engine Covers. Abaqus Technology Brief. Simulia Dassault Systèmes, 2007, Online verfügbar unter https://www.ssanalysis.co.uk/hubfs/KB_Technical_Briefs/Acoustic_Engine_Cover.pdf, zuletzt geprüft am 05.06.2020

[TAN21] Tang, L.: Methodik zur Optimierung des NVH-Verhaltens mithilfe der elastischen Mehrkörpersimulation. Masterarbeit. RWTH Aachen University. MSE, 2021.

[THE84] Theissen, H.: Die Berücksichtigung instationärer Rohrströmung bei der Simulation hydraulischer Anlagen. Dissertation. Technische Hochschule Aachen, 1984.

[TDM02] Tournour, M.; Dessart, S.; McCulloch, C.: On the accuracy of vibro-acoustic solutions using the ATV method. In: P. Sas und B. van Hal (Hg.): ISMA 2002, V. International Conference on Noise and Vibration Engineering. Leuven, 16th-18th September 2002, 2002, S. 2223–2230

[VWZ+18] Vajna, S.; Weber, C.; Zeman, K.; Hehenberger, P.; Gerhard, D.; Wartzack, S.: CAx für Ingenieure. 3. Aufl. Berlin, Heidelberg: Springer Berlin Heidelberg, 2018.

[VMD+07] van der Auweraer, H.; Mas, P.; Dom, S.; Vecchio, A.; Janssens, K.; van de Ponseele, P.: Transfer Path Analysis in the Critical Path of Vehicle Refinement: The Role of Fast, Hybrid and Operational Path Analysis. In: SAE Technical Paper Series, 2007.

[VKR16] van der Seijs, Maarten V.; Klerk, Dennis de; Rixen, Daniel J.: General framework for transfer path analysis: History, theory and classification of techniques. In: Mechanical Systems and System Processing, 217- 244, 2016.

[VPV+15] Vanhollebeke, F.; Peeters, J.; Vandepitte, D.; Desmet, W.: Using transfer path analysis to assess the influence of bearings on structural vibrations of a wind turbine gearbox. In: Wind Energy 18 (18), S. 797–810, 2015.

[VIB21] Vibrant Technology, Inc: MEscope VES-4000 Modal Analysis. Manuals, 2021.

[VOE17] Voege, C.: Experimentelle und simulative Untersuchung der Strukturdynamik von Statorblechpaketen für Elektromotoren. Bachelorarbeit. RWTH Aachen University. IME, 2017.

[VON20] Vondenbusch, P. P.: Bewertung und Validierung von Messkonzepten zur Lastdatenermittlung von Standardtraktoren. Masterarbeit. RWTH Aachen University. MSE, 2020.

[VON18] Vondenbusch, P. P.: Modellierung eines Traktor-Hinterachsgehäuses in der elastischen Mehrkörpersimulation zur Analyse des NVH-Verhaltens. Bachelorarbeit. RWTH Aachen University. MSE, 2018.

[WAC86] Wacker, K.: Flüssigkeitsschall in ölhydraulischen Leitungssystemen. Dissertation. Universität Stuttgart, 1986.

[WEG17] Wegerhoff, M.: Methodik zur numerischen NVH Analyse eines elektrifizierten PKW Antriebsstrangs. Dissertation. RWTH Aachen, 2017.

[WSA18] Wegerhoff, M.; Sottek, R.; Amberg, J.: Numerical in-situ TPA of an elastic multibody dynamic model of a tractor gearbox. In: S. Pischinger, L. Eckstein, K. Genuit und M. Vorländer (Hg.): AAC 2018. Aachen Acoustics Colloquium. Aachen: FEV Group GmbH, 2018, S. 177–188

[WPB+21] Wischmann, S.; Pasch, G.; Berroth, J.; Jacobs, G.: Acoustic Optimization of a Power Take-off Gear Box Using Numerical Transfer Path Analysis. In: IOP Conference Series: Materials Science and Engineering 1097 012012, 2021.

[WIT15] Witzel, P.: Ein validiertes Reifenmodell zur Simulation des fahrdynamischen und fahrkomfortrelevanten Verhaltens von Ackerschleppern bei Hindernisüberfahrt. Dissertation. Universität Hohenheim, 2015.

[WOL58] Wolf, A.: Die Grundgesetze der Umlaufgetriebe. Stuttgart, Techn. H., Diss.: Vieweg, 1958.

[WOL16] Wolschin, Georg: Hydrodynamik. 1. Aufl. 2016. Berlin, Heidelberg: Springer Spektrum, 2016.

[WDS07] Woschke, E.; Daniel, C.; Strackeljan, J.: Reduktion elastischer Strukturen für MKS- Anwendungen. In: R. Kasper, J. Ude, H. Clobes, S. Flohr, U. Gabbert, K. Grote et al. (Hg.): AUTOMOTIVE, Impulse für Maschinenbau. 8. Magdeburger Maschinenbau-Tage & 7. MAHREG Innovationsforum, 10. - 11. Oktober 2007 ; Tagungsband. Magdeburg, 2007.

[YAN20] Yang, J.: Untersuchung des dynamischen Verhaltens eines Off-Highway-Antriebsstrangs unter verschiedenen Bodenbedingungen mithilfe detaillierter Methoden der Reifenmodellierung. Dissertation. RWTH Aachen University, 2020.

[YZX+17] Ye, S.; Zhang, J.; Xu, B.; Song, W.; Zhu, S.: A Hybrid Lumped Parameters/Finite Element/Boundary Element Model to Predict the Vibroacoustic Characteristics of an Axial Piston Pump. In: Shock and Vibration 2017, S. 1–11, 2017.

[YH00] Young, J. T.; Haile, W. B.: Primer on the Craig-Bampton Method. Technical report, 2000.

[ZEL09] Zeller, P.: Handbuch Fahrzeugakustik. Grundlagen, Auslegung, Berechnung, Versuch ; mit 43 Tabellen. 1. Aufl. Wiesbaden: Vieweg + Teubner, 2009.

[ZCY+14] Zheng, Q.; Chen, Y.; Yang, H.; Qi, H.; Chen, L.: Acoustic-structure coupling simulation analysis and structure optimization of tractor cab. In: International Agricultural Engineering Journal 4 (23), S. 36–43, 2014.

Im Rahmen der Promotion betreute studentische Arbeiten:

[TAN21, LOB20, LI20, VON20, KLU20, SCH19, PBK19, DRÖ19, SEI18, VON18, HLG18, EXN18, BEC17, NIE17, VOE17, SDS17]

A Anhang

A.1 Modelleinordnung

Modellumfang	Modellzweck	Modellgenauigkeit
Traktor		
– Hydr.-mech. LVG		
– – Gehäuse	Übertragungsverhalten, Eigenverhalten	Linear-elastisch*, bis 1500 Hz
– – Mech. Antriebsstrang		
– – – Welle	Übertragungsverhalten, Eigenverhalten	Linear-elastisch*, bis 1500 Hz
– – – Lager	Übertragungsverhalten	Lokal lastabh. Kontaktsteifigkeit
– – – Verzahnung	Übertr.verh., Verz.kräfte, Übersetzung	Konstante Steifigkeit
– – – Kupplung	Massen-, Trägheitseinfluss; Kopplung	Starrkörper
– – Hydromodul		
– – – Gehäuse	Übertragungsverhalten, Eigenverhalten	Linear-elastisch*, bis 1500 Hz
– – – Hydostat	Betr.punktabh. nichtlin. Kraftanregung	Vorberechn. Kennfeld (Kap. 4.3.2)
– – – Schwenksystem	Verschwenkung, Übertr.verhalten	Lineare Ölfeder-Steifigkeit
– – – Elastomerbuchse	Übertragungsverhalten	Konst. 6-dim. Steifigkeit (Fitting)
– Hinterachse		
– – Gehäuse	Übertragungsverhalten, Eigenverhalten	Linear-elastisch*, bis 1500 Hz
– – Mech. Antriebsstrang		
– – – Welle	Übertragungsverhalten, Eigenverhalten	Linear-elastisch*, bis 1500 Hz
– – – Lager	Übertragungsverhalten	Lokal lastabh. Kontaktsteifigkeit
– – – Verzahnung	Übertr.verh., Verz.kräfte, Übersetzung	Konstante Steifigkeit
– – – Hinterreifen	Massen-, Trägheitseinfluss	Starrkörper
– Kabine		
– – Rahmen	Übertragungsverhalten, Eigenverhalten	Linear-elastisch*, bis 1500 Hz
– – Aufhängung		
– – – Strukturelement	Übertragungsverhalten, Eigenverhalten	Linear-elastisch*, bis 1500 Hz
– – – Elastomerbuchse	Übertragungsverhalten	Konst. 6-dim. Steifigkeit (Fitting)
– – Körperschalltransferpfad	Übertragungsverhalten (FRF)	Messtechn. ermittelt bis 1500Hz
– – Luftschalltransferpfad	Übertragungsverhalten (FRF)	Messtechn. ermittelt bis 1500Hz
– Umgebungsluft	Abstrahlungs-, Übertragungsverhalten	Vorberechneter ATV (Kap. 4.3.4)
– Peripherie		
– – VKM	Massen-, Trägheitseinfluss	Starrkörper
– – Rahmen, Frontladeraufn.	Eigenverhalten	Linear-elastisch*, bis 1500 Hz
– – Vorderreifen	Massen-, Trägheitseinfluss	Starrkörper

*: gemischt statisch-modal reduziert, 1.5-fache Modenbasis

Abbildung 81: Modelleinordnung des Gesamtmodells

A.2 Kraftberechnung Axialkolbeneinheit

Im Folgenden wird ergänzend zur Beschreibung in Kapitel 4.3.2.2 die mathematische Herleitung der Kraftberechnung der hydrostatischen Axialkolbeneinheiten vorgestellt.

Die verwendeten Koordinatensysteme (KOS) sind in Abbildung 34 dargestellt. Die Ausrichtung des (1)-KOS entspricht der des globalen KOS. Bei dem (TF)- und (KT)-KOS handelt es sich um mitbewegte, also körperfeste Koordinatensysteme von Triebflansch und Schwenkgehäuse.

Kräfte und Momente am Triebflansch

Die Herleitung der resultierenden Kräfte und Momente am Triebflansch im Kraftangriffspunkt (1) erfolgt für das mitbewegte (TF)-KOS.

Auf den Triebflansch wirken die Kolbenkräfte $F_{K,i}$ der i Kolben, für die gilt:

$$F_{K,i} = A'_K \cdot p_i \tag{35}$$

p_i beschreibt den Druck im Zylinder i und A'_K die variable Druckangriffsfläche eines Kolbens. Beim Kippen des Kegelkolbens im Zylinder wird die Druckangriffsfläche durch das Ausdehnen der Kolbenringe verändert, Abbildung 82.

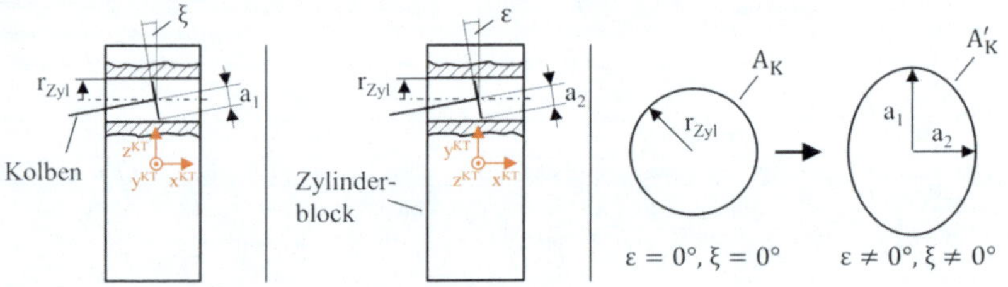

Abbildung 82: Variable Kolbenfläche [SCH19]

Mit den Kippwinkeln ξ bzw. ε gilt für die Druckangriffsfläche:

$$A'_K = \frac{{r_{Zyl}}^2}{\cos(\varepsilon) \cdot \cos(\xi)} \cdot \pi \tag{36}$$

Die Lage und Ausrichtung der Kolben sind durch die Punkte A und B definiert, vgl. Abbildung 34. Im (KT)-KOS gilt für die Position von A:

$$\vec{x}_A^{KT} = \begin{pmatrix} x_A^{KT} \\ y_A^{KT} \\ z_A^{KT} \end{pmatrix} = \begin{pmatrix} 0 \\ R_1 \cdot \cos\varphi \\ R_1 \cdot \sin\varphi \end{pmatrix} \tag{37}$$

Für die Position von B gilt:

$$\vec{x}_B^{KT} = \begin{pmatrix} x_B^{KT} \\ y_B^{KT} \\ z_B^{KT} \end{pmatrix} = \begin{pmatrix} b \\ R_2 \cdot \cos\alpha \cdot \cos\varphi \\ R_2 \cdot \sin\varphi \end{pmatrix} \tag{38}$$

Die in die x^{KT}-, y^{KT}-Ebene projizierte Kolbenlänge b wird wie folgt berechnet:

$$b = \sqrt{l_K^2 - (y_A - y_B)^2 - (z_B - z_A)^2} = \sqrt{l_K^2 - a^2} \leq l_K \tag{39}$$

Hierbei gibt a den Abstand zwischen A und B in der y^{KT}-, z^{KT}-Ebene an, vgl. Abbildung 35.

Der Kraftvektor der Kolbenkraft $F_{K,i}$ kann im (KT)-KOS in die Kraftkomponenten in x^{KT}-, y^{KT}- und z^{KT}-Richtung aufgeteilt werden, Abbildung 83.

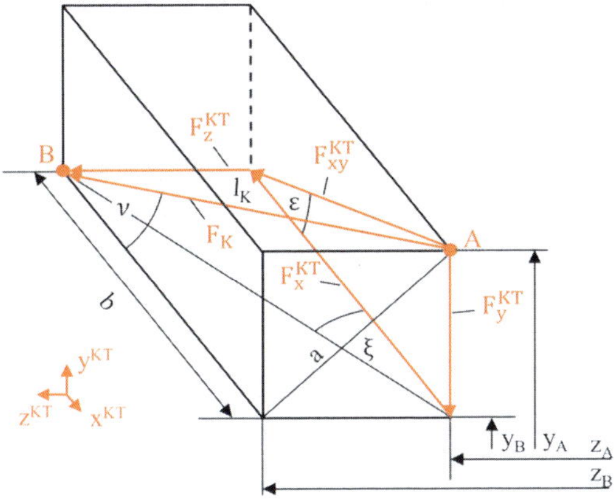

Abbildung 83: Kraftkomponenten der Kolbenkraft, in Anlehnung an [II93]

Mit dem Winkel ν zwischen der projizierten Kolbenlänge b und der Kolbenlänge l_K,

$$\nu = \sin^{-1}\left(\frac{a}{l_K}\right) \tag{40}$$

der Länge a,

$$a = \sqrt{(y_A - y_B)^2 + (z_B - z_A)^2} \tag{41}$$

dem Winkel ξ,

$$\xi = \tan^{-1}\left(\frac{z_B - z_A}{b}\right) = \tan^{-1}\left(\frac{(R_2 - R_1) \cdot \sin(\varphi)}{b}\right) \tag{42}$$

und dem Winkel ε

$$\varepsilon = \tan^{-1}\left(\frac{y_A - y_B}{b}\right) = \tan^{-1}\left(\frac{(R_1 - R_2 \cdot \cos(\alpha)) \cdot \cos(\varphi)}{b}\right) \tag{43}$$

werden die Kräfte aus Abbildung 83 wie folgt berechnet:

$$\begin{aligned} F_{x,i}^{KT} &= \cos(\nu) \cdot F_{P,i} \\ F_{xy,i}^{KT} &= \frac{F_{x,i}^{KT}}{\cos(\varepsilon)} \\ F_{y,i}^{KT} &= \tan(\varepsilon) \cdot F_{x,i}^{KT} \\ F_{z,i}^{KT} &= \tan(\xi) \cdot F_{x,i}^{KT} \end{aligned} \tag{44}$$

Die Kräfte am Triebflansch ergeben sich durch Transformation in das (1)-KOS zu:

$$\begin{aligned} F_{x,i}^{(1)} &= \cos(\alpha - \varepsilon) \cdot F_{xy,i}^{KT} \\ F_{y,i}^{(1)} &= \sin(\alpha - \varepsilon) \cdot F_{xy,i}^{KT} \\ F_{z,i}^{(1)} &= F_{z,i}^{KT} = \tan(\xi) \cdot F_{x,i}^{KT} \end{aligned} \tag{45}$$

Die durch die Kräfte erzeugten Momente um den Kraftangriffspunkt werden mithilfe des Kreuzprodukts

$$\vec{M}_i^{(1)} = \vec{r}_i^{(1)} \times \vec{F}_i^{(1)} \tag{46}$$

mit

$$\vec{r}_i^{(1)} = \begin{pmatrix} r_{x,i}^{(1)} \\ r_{y,i}^{(1)} \\ r_{z,i}^{(1)} \end{pmatrix} = \begin{pmatrix} 0 \\ R_2 \cdot \cos(\varphi) \\ R_2 \cdot \sin(\varphi) \end{pmatrix} \tag{47}$$

und

$$\vec{F}_i^{(1)} = \begin{pmatrix} F_{x,i}^{(1)} \\ F_{y,i}^{(1)} \\ F_{z,i}^{(1)} \end{pmatrix} \tag{48}$$

berechnet:

$$\vec{M}_i^{(1)} = \begin{pmatrix} M_{x,i}^{(1)} \\ M_{y,i}^{(1)} \\ M_{z,i}^{(1)} \end{pmatrix} = \begin{pmatrix} R_2 \cdot (\cos(\varphi) \cdot F_{z,i}^{(1)} - \sin(\varphi) \cdot F_{y,i}^{(1)}) \\ R_2 \cdot \sin(\varphi) \cdot F_{x,i}^{(1)} \\ -R_2 \cdot \cos(\varphi) \cdot F_{x,i}^{(1)} \end{pmatrix} \tag{49}$$

Die durch alle i Kolben resultierenden Kräfte und Momente im Kraftangriffspunkt des Triebflanschs (1) werden als Summe der Kräfte und Momente zusammengefasst:

$$\begin{aligned} F_{x,ges}^{(1)} &= \sum F_{x,i}^{(1)} \\ F_{y,ges}^{(1)} &= \sum F_{y,i}^{(1)} \\ F_{z,ges}^{(1)} &= \sum F_{z,i}^{(1)} \end{aligned} \tag{50}$$

und

$$\begin{aligned} M_{x,ges}^{(1)} &= \sum M_{x,i}^{(1)} \\ M_{y,ges}^{(1)} &= \sum M_{y,i}^{(1)} \\ M_{z,ges}^{(1)} &= \sum M_{z,i}^{(1)} \end{aligned} \tag{51}$$

Mit der Drehmatrix

$$R_\varphi = \begin{bmatrix} 1 & 0 & 0 \\ 0 & \cos(\varphi) & \sin(\varphi) \\ 0 & -\sin(\varphi) & \cos(\varphi) \end{bmatrix} \tag{52}$$

werden die Kräfte und Momente in das mitdrehende (TF)-KOS des Triebflanschs transformiert:

$$\vec{F}_{ges}^{TF} = R_\varphi \cdot \vec{F}_{ges}^{(1)} = \begin{pmatrix} F_{x,ges}^{(1)} \\ F_{y,ges}^{(1)} \cdot \cos(\varphi) + F_{z,ges}^{(1)} \cdot \sin(\varphi) \\ -F_{y,ges}^{(1)} \cdot \sin(\varphi) + F_{z,ges}^{(1)} \cdot \cos(\varphi) \end{pmatrix} \tag{53}$$

und

$$\vec{M}_{ges}^{TF} = R_\varphi \cdot \vec{M}_{ges}^{(1)} = \begin{pmatrix} M_{x,ges}^{(1)} \\ M_{y,ges}^{(1)} \cdot \cos(\varphi) + M_{z,ges}^{(1)} \cdot \sin(\varphi) \\ -M_{y,ges}^{(1)} \cdot \sin(\varphi) + M_{z,ges}^{(1)} \cdot \cos(\varphi) \end{pmatrix} \tag{54}$$

Kräfte und Momente an der Steuerscheibe

Die Herleitung der resultierenden Kräfte und Momente im Kraftangriffspunkt (2) der fest mit dem Schwenkgehäuse verbundenen Steuerscheibe erfolgt für das mitbewegte (KT)-KOS, vgl. Abbildung 34.

Wie in Kapitel 4.3.2.2 beschrieben, resultiert der anliegende Druck im Zylinderraum in eine axial wirkende Kraftkomponente $\vec{F}^{KT}_{axial,i}$ und aufgrund der Schiefstellung der Kolben im Zylinderraum in eine radial wirkende Kraftkomponente $\vec{F}^{KT}_{radial}$, vgl. Abbildung 46. Die Kräfte pro Zylinderraum, die auf die Steuerscheibe bzw. das Schwenkgehäuse übertragen werden, ergeben sich somit zu:

$$\vec{F}^{KT}_{i} = \begin{pmatrix} F^{KT}_{x,i} \\ F^{KT}_{y,i} \\ F^{KT}_{z,i} \end{pmatrix} = \vec{F}^{KT}_{axial,i} + \vec{F}^{KT}_{radial,i} = \begin{pmatrix} p_i \cdot A_K \\ 0 \\ 0 \end{pmatrix} + \begin{pmatrix} 0 \\ -F^{KT}_{y,i} \\ -F^{KT}_{z,i} \end{pmatrix} \tag{55}$$

Für die im Kraftangriffspunkt (2) der Steuerscheibe wirkenden Momente gilt:

$$\vec{M}^{KT}_{i} = \vec{r}^{KT}_{axial,i} \times \vec{F}^{KT}_{axial,i} + \vec{r}^{KT}_{radial,i} \times \vec{F}^{KT}_{radial,i} \tag{56}$$

mit den Hebelarmen

$$\vec{r}^{KT}_{axial,i} = \begin{pmatrix} 0 \\ R_1 \cdot \cos(\varphi) \\ R_1 \cdot \sin(\varphi) \end{pmatrix} \tag{57}$$

und

$$\vec{r}^{KT}_{radial,i} = \begin{pmatrix} s_K(\varphi, \alpha) - \dfrac{H_K(\alpha)}{2} - l_0 \\ R_1 \cdot \cos(\varphi) \\ R_1 \cdot \sin(\varphi) \end{pmatrix} \tag{58}$$

Hierbei sind l_0 der Abstand vom Kraftangriffspunkt (2) zum Kolben in Mittelstellung ($\alpha = 0°$) in x^{KT}-Richtung, vgl. Abbildung 34, s_K der aus der unteren Totlage zurückgelegte Kolbenweg, vgl. Gl. (21), und $H_K(\alpha)$ der Gesamthub, vgl. Gl. (22).

Die durch die Druckkräfte aller i Kolbenräume resultierenden Kräfte und Momente werden als Summe der Kräfte und Momente zusammengefasst:

$$\begin{aligned} F^{KT}_{x,ges} &= \sum F^{KT}_{x,i} \\ F^{KT}_{y,ges} &= \sum F^{KT}_{y,i} \\ F^{KT}_{z,ges} &= \sum F^{KT}_{z,i} \end{aligned} \tag{59}$$

und

$$\begin{aligned} M^{KT}_{y,ges} &= \sum M^{KT}_{y,i} \\ M^{KT}_{z,ges} &= \sum M^{KT}_{z,i} \end{aligned} \tag{60}$$

Abbildungsverzeichnis

Tabellenverzeichnis